YOUR BEST AGE IS NOW

Embrace an Ageless Mindset,
Reenergize Your Dreams,
and Live a Soul-Satisfying Life

最好时光是现在

与美丽、活力、自由相伴的人生第二春

ROBI LUDWIG, Psy. D.

[美] 罗比·路德维格 ——— 著

郭在宁 ——— 译

江西人民出版社
Jiangxi People's Publishing House
全国百佳出版社

目 录

第一章 开始崭新的中年生活 …………… 1
消极情绪如同高压锅　3
期待中年的改变　6
我的中年世界　10
新一代中年　13
步入中年时的典型转变　18
让我们启程吧　21

第二章 青春期能教给你的事 …………… 23
第二次青春期　25
　调整适应　26
　争取独立　26
　重新整合　28
　发展个性　29
青少年与中年生活的对比　30
　不断变化的身体　30

　　　　激素的波动　30
　　　　情绪过山车　31
　　青春期心态的魔力　34
　　　　巧用青少年视角　36
　　　　从音乐开始　37
　　　　探究你的过去　38

第三章　以复原力面对遗憾⋯⋯⋯⋯⋯⋯⋯⋯　39
　　中年的遗憾　41
　　遗憾中的机遇之光　43
　　与遗憾相处　44
　　遗憾造就更好的未来　48
　　"人只有一辈子"　51
　　帮助你对遗憾免疫的复原力　53
　　像青少年一样重塑复原力　55
　　最成功的中年人　59

第四章　不受焦虑和压力控制的中年生活⋯⋯⋯61
　　中年压力的各个方面　64
　　遗憾和未竟梦想带来的压力　66
　　长期低水平压力的危害　70
　　　　压力如何影响你的思维　72

　　　　压力如何导致抑郁　75
　　　　压力如何影响你的生理健康　78
　　　　压力如何导致药物滥用　79
　　重视中年压力和焦虑　81
　　　　通过正念战胜焦虑　82
　　　　通过冥想改善焦虑的大脑　84
　　一次赶走一种压力　86
　　向青少年学习：设定边界　87
　　　　学会拒绝　88
　　　　关注自己　89
　　更好地处理压力　93

第五章　健康生活每一天 ························· 97

　　医学进步放缓时间　100
　　中年生育奇迹　101
　　既需要重视也需要放松的更年期　104
　　让我们谈谈性　107
　　永远都要照顾好自己　109
　　能够让你更年轻的饮食　111
　　　　对中年女性格外重要的食物和营养　114
　　　　中年女性需要限制摄入的食物和营养　116
　　运动的重要性　118
　　睡眠的重要性　121

失眠的原因　122

　　失眠时应该做的事　123

向青少年学习：努力养成健康的习惯　125

健康朋友的积极影响　129

第六章　定义中年之美 …………………… 131

媒体与新型中年生活　133

　　美丽需要努力　137

享受老去　140

外表的困境　143

形体问题　145

魅力源于自省　146

护肤二三事　148

　　探索新的护肤方法　149

发掘你的性感一面　151

　　穿出你想要的生活　154

　　紧跟流行，表现个性　156

向青少年学习：找到你的灵感之源　157

岁月印记也是一种肯定　159

第七章　找到真爱 …………………………… 161

中年感情生活　163

完美恋爱需要你主动付出　166

中年婚姻的真实状态　168

中年婚姻关系中的遗憾　171

让中年婚姻重回正轨　173

  重新书写你的爱情故事　177

  好好说话　178

  避免攻击对方　179

当婚姻走到尽头　180

如果你对重新恋爱缺乏自信　182

制订一份恋爱标准　183

走出家门，开心约会　185

向青少年学习：利用社交网络　187

爱上单身中年生活　191

第八章　是谋生，还是享受生活……………193

中年女性和金钱　196

学会理财　200

中年的智慧　202

  中年工作危机　203

向青少年学习：热情展望下一步　211

让自己忙起来　215

第九章　开拓精神家园 219

探索精神世界的时机　222

精神追求对中年的益处　224

利他主义的力量　228

中年的感恩之心　229

做一个精神世界更丰富的女性　231

向青少年学习：拍照发社交网络　233

寻找生命的意义　234

第十章　发现新的目标和意义 237

拥抱变化　239

定义你的中年目标　241

实现有意义生活的秘诀　243

向青少年学习：开启新篇章　245

生活会变好的　248

致　谢 249

出版后记 251

第一章

开始崭新的中年生活

这天的纽约城飘着白雪,而我真希望这是冬天的最后一场雪。我把头发拢到后面扎成马尾,素面朝天,身上是周六的典型打扮——毛衫、打底裤和靴子——因为我要在我家附近东跑西跑,办一些琐事。我在家附近卖酒的店铺结账时,柜台后的年轻人要求我出示身份证。看他大概20出头的样子,我既开心又惊讶,不可思议地问:"真的吗?"其实我心里已经乐开了花,我的年纪都能当他的妈妈了。这位年轻人似乎被我的反应吓到了,带有歉意地轻声说:"抱歉,我看不出来你多大了,需要你出示一下身份证。"我把身份证递给他,并骄傲地告诉他:"我虽然身高只有1.55米,但其实已经快50岁了。你给了我美好的一天。"

在那一天,我学到了有关生活的一课:如果我拥有年轻的心态,穿着打底裤,扎着马尾,那么年龄就只是一个数字而已。此刻,我的年龄似乎已经无足轻重,甚至时不时还有人要求我出示身份证,看我是否成年。

这就是为什么听到"中年"这个词时,我不知该如何回应。虽然我们已经习惯性地把它与死亡联想到一起,但是如今的女性在中年期的样子已经和我们上一辈相去甚远。事实上,女性在40岁、50岁甚至60岁的时候也可以活得年轻并充满活力。更重要的是，她们并不觉得自己最好的年华已经过去，而会在这段特殊的时光中注入责任和力量，甚至将中年生活看作一段冒险的旅程。

女性步入中年后，并非一定会经历所谓的"中年危机"。在我们的祖母和母亲那两代人的中年期，每个人几乎都是在同样的年龄经历了人到中年的转型期，但如今很多女性不再重复过去的历程。并非所有人都会体验儿女离开后的空巢感。事实上，有些女性在四五十岁的时候孩子才几岁或十几岁，而另外一些已经有孙辈了。有的女性在步入中年时刚刚怀上自己的第一个孩子，或是根本不打算要孩子了。在这个年龄，我们或许正在走向漫长事业线的巅峰时刻，或许准备回到工作岗位上。而且不同的女性在中年期也经历着不同的情感状态：已婚、离婚、丧偶，也许还要照看年迈的父母——每个人的情况都千差万别。因此，我并不觉得中年是个充满危机的阶段，而将这种崭新的中年生活看作充满挑战的过渡期，充满无限奇妙的可能。

无论我们的人生目标实现了多少，步入中年的我们都处于可以利用智慧调整并彻底改造自己生活的年龄：清点我们已完成的部分，并继续对未来的生活满怀梦想。我们的未来还有很多美好之事。因此，何必要自我否定，活在焦虑中呢？何必总是感觉一切都很糟糕呢？

消极情绪如同高压锅

女性在步入中年后产生不良自我感觉的原因有很多。讽刺的是，带有消极文化含义的"中年"是个较新的概念。在1807年，"中年"一词第一次出现时，人们认为人生的中间时期是生命中的黄金时期。可是渐渐地，"中年"一词带上了消极的意义："衰老""走下坡路""年岁渐长""风光不再""落伍""无能为力"——人们经常用这些词来描述中年人的思维、工作或是外表。语言具有力量，能够伤害到我们自身。同时，这种观念已经完全渗透到文化之中。美国疾病控制与预防中心的一份报告显示，在美国所有年龄层的人群中，40岁至59岁的女性患抑郁症的比例最高（12.3%）。

过去的女性在谈论中年时都会提到"危机"或"退休"这样的词。我们在这样的环境中成长起来，潜意识中也接受了这样的观点。上一辈的女性中很多会选择在五六十岁时退休，而退休后变得无所事事。因此，她们把中年看作转型期，从忙碌的工作和巨大的家庭责任交织的生活转变成情绪低落的慢节奏生活，整天在摇椅上虚度光阴。而这种模式的中年生活经常被与女性在更年期经历的身体变化放在一起比较。更年期常常被看作生命的一个非正常阶段，是一种疾病。无论是衡量中年女性的精神状态还是激素分泌情况，结果都只有一个，那就是"衰老"！

在我们的文化中，青春被过于理想化了。经过了这种文化的几十年洗脑后，"青春是完美的"这个普遍印象对处于任何年龄的女性都造成了困扰，尤其是中年女性，因此她们很难保持积极的心态，做最好的自己，甚至很难找到理想的生活状态。更糟糕的是，我们基于这种不切实际的比较建立了自我批评的内心反馈，这样的对话使我们难以准确评价自己，无法发挥自身的力量。例如，2014年的一项研究表明，年龄观念有时比事实更有说服力。耶鲁大学和加利福尼亚大学伯克利分校的研究人员发现，在健身时，认为自己的外形比实际年龄更年轻的人比已经健身6个月的同龄人更有效果。由此可见，消极的想法正在影响你对自我和未来的看法。

许多女性在中年期因为社会对自己的限制而变得消极，这些社会上的外部力量包括职场、相亲网站、媒体等，而传统女性对这一切的控制能力非常小。在中年期，我们会重新思考自己之前所做的人生选择，评估自己对他人的影响，并决定自己的后半生想要做什么。而对于大多数人来说，这些想法只是浮于表面，因为这是我们第一次仔细考虑或是直面即将到来的死亡。到这一刻，我们已经明白了生命的结局，而涌上心头的焦虑会与我们自身的时间轴发生碰撞和冲突。

社会对青春的美化使一些中年女性感到焦虑，并渐渐失去对生活的控制。这种焦虑常常来自恐惧——恐惧自己随着年龄增长就会与更适合年轻人的世界脱离，恐惧自己已经失去了选择的能力，或是恐惧已经来不及追求自己梦寐以求的生活。这些恐惧也许是因为，我们本能地在以快进视角审视从当下到老年的生活。当我们注意到中年期的衰退，就会非常担心自己到了80岁会是什么样子，因而完全忽略了自己现在的状态。因此，我们也就自然而然地失去了对自己的信心，放弃了过上美好生活的可能。

中年危机是一个虚假概念。实际上，在一生中的各个阶段，我们都会遇到各种小危机。我们年少的时候，危机就已经出现了，而到了二十几岁的时候，危机会变得越来越多，并贯穿我们的一生。危机是人生的一部分，也是成长和变化的一部分。任何人都没有避免危机的办法。因此，当你注意到自己开始自我怀疑时，不要感到惊讶。担心他人如何看待你，或是害怕什么愿景还没有实现，这些都是完全正常的。

在一生中的各个阶段，我们遇到的危机都有着不同的内容。在青春期，你想弄清自己是谁，并寻找自己的独立人格。在二三十岁时，你会去思索自己能否完成自己个人和事业上的人生目标。到了中年期，危机就更加全面了：你过去是否做出了正确的选择？如果没有，那么现在想实现自己的梦想是否为时已晚？同时，在中年期人们常常会恐惧自己与社会脱节，恐惧自己被遗忘或被彻底忽略。

当我们照镜子或思考自己的事业时，这种恐惧就会涌上心头。在工作的时候，女性很容易就会感觉到自己变老了。年轻的一代人走出校门，而媒体将他们称为求职市场上的新宠。这些年轻人会对管理与自己父母同龄的中年人感到别扭，有时会轻视这些中年人的能力，也没有对他们能够做出的贡献给予足够的重视。许多年轻人把与自己共事的四五十岁的同事称作"不知变通的老年人"。但是事实上，包括"80后"在内，没有人会喜欢被他人改变。

期待中年的改变

许多女性在中年时都会担心被困在自己的固有生活中无法提升，或是担心给她们带来精神痛苦的消极人格特质会使自己无法做出改变。人们普遍认为，"我是谁""我想从生活中得到什么"这两个问题的答案在 5 年、10 年甚至 20 年之后都不会发生变化。很长时间以来，这种观念一直得到心理学的支持。我们的人格是由五种主要特质组成的，而这五大特质主要是由基因决定的。因此，心理学家认为，人格变化与生理成熟后其他功能的改变同样缓慢。换句话说，随着年龄增长，我们的人格逐渐确定下来，不再变化。五大人格特质如下所示。

- 开放性：对各种经历的兴趣，具有求知欲，对冒险、情绪、奇思妙想和艺术充满兴趣。
- 尽责性：可靠、有序、自律，相比自发性活动更喜欢有计划性的活动。
- 外向性：喜欢寻求社会刺激，愿意与他人结伴共事。性格外向的人健谈、开朗、积极乐观，而且充满活力。
- 亲和性：乐于合作，对人友好，有同情心，易于相处，信任感强。
- 神经敏感性：对不愉快的情绪很敏感，比如愤怒、脆弱和抑郁。

但是有新闻报道指出，情况并不总是这样。哈佛心理学教授丹尼尔·吉尔伯特（Daniel Gilbert）在其 2014 年的 TED 演讲中指出："人类仍在进化之中，但常常被误认为进化已经完成。"人是会发生改变的，而你本人就可能是其中之一。

最新研究表明，即便是稳定的人格特质也有进化的可能。这个观点得到了表观遗传学（epigenetics）研究的证实，研究表明，改变非遗传因素有可能使人类的基因走向发生变化，例如改变生活方式。特定的行为或特殊的环境能够在不改变某人基因序列的前提下，使基因呈现显性或隐性。从心理学的角度分析，这就意味着虽然我们人格中的基本结构是固定不变的，但我们每天所做的决定或许是符合某些特质的，又或许是阻碍某些特质的。《人格与社会心理学》（*Journal of Personality and Social Psychology*）于2003年发表了一项研究，其结果表明人格特质中的尽责性和亲和性在我们60岁的时候仍会发生变化，这意味着我们可以一直完善自己的人格。当我们的人格发生了变化，不仅我们的想法会改变，我们的目标、期望和梦想也会随之改变。也许这些改变刚发生时，我们自己不是很容易接受，需要时间适应，但是我们可以用核心人格特质中优秀的部分去战胜存在缺陷的部分。这种具有目的性的重新评估就是别名"谈话疗法"的精神疗法的核心。

我们在了解成长和改变能够贯穿整个人生以后，现在和未来的生活都会受到积极的影响。当我们知道自己还有时间改变自我，就会在探索改变方式的过程中变得更加自信。让自己变得更完美这件事，什么时候做都不迟。

例如，我们此刻对某些事物的看重只是暂时的。我曾经遇到过一位患者罗宾，她的家庭条件很优越。在20岁出头时，她只想找到有钱又有貌的丈夫，无法想象自己跟"不完美"的异性恋爱。然而在步入中年却仍然单身时，她发现自己的价值观发生了变化。她已经能够和一位在某些方面特别出色的男士开始一段美好的恋情,尽管对方既不帅又不富有。事实上,她告诉我那位男士"秃顶又老气"时,眼中却闪着动人的光芒。那位男士虽然不是她最初择偶时会选择的类型,但是他对她专一并呵护备至,让她有了之前从未感受到的安全感。罗宾之前从未想过自己会爱上一个跟自己之前的理想型完全不同的男人,她过去以为,只有跟自己想象中的人在一起才会获得幸福,可是现在这段新恋情让她变得光彩动人。

我们错误地认为 20 岁的自己和 40 岁、50 岁或 60 岁的自己是一样的。然而事实上,我们已经变了。你从出生时开始一点点积累起来的智慧已经把你变成了另一个人。你所处的环境和过去的经历影响了你的价值观,影响了你对自己的看法和对未来的期望。这是件好事,因为如果你对现在的自己感到不满意,那么你仍有机会做出改变。比如,如果你认为自己不善于理财,那么你可以努力提高理财水平,最终成为理财能手。

在中年期,人们经常会说"我希望过上不同的生活"。雪莉是一位 52 岁的精神焦虑患者,她的母亲曾教育她要在乎他人对自己的看法,并努力得到他人的认同和喜爱。这个目标的出发点是好的,但是具有误导作用。在这样的要求下,雪莉在与他人的交往时一直放弃自身利益,甚至有时对方是对她并不友好的人。母亲的教诲,加上她本人与生俱来的易焦虑的性格,使她成了极度缺乏安全感的人。雪莉周围有些女性的个性很强,不允许他人侵犯自己的权益,我让她以这样的人为榜样。现在她已经能够友好地拒绝他人不切实际或无理的要求,并能保护自己的生活不受侵犯。她也更善于辨别哪些人难以相处，学会不在意他们的行为，也不会因为他们的攻击而变得情绪化了。

可是无论改变多么重要，它总是来得很慢，对雪莉来说也是如此。你所做的工作已经让你养成了习惯。其中不乏一些好习惯，能够让你提高效率，为生活提供方便。也许你已经习惯了周一早晨出门上班，无法不这样做了。周一早晨出门上班就是一个值得坚持的好习惯。但如果你的生活总是一成不变，那么你无论处于生活的何种阶段，都很难获得成功。而改变可以给你带来更好的生活。你有机会摒弃生活中的限制，成为自己一直想成为的人。事实上，此刻正是你做出改变的最佳时刻，去感受势不可挡的青春活力、健康身体、人际交往、性感魅力和生命欲望吧！

我的中年世界

我决定揭开中年生活的神秘面纱，是因为作为X一代[①]，我与你们同在。X一代在2015年开始步入了50岁，与你们中的大多数人相同，我在生活中的方方面面都拒绝接受这个事实。那么我为什么现在接受了呢？因为我生命中的这一部分让我可以找到真实的自我，这个自我与我携带的其他标签——妻子、母亲、女性在职人员、媒体人和心理治疗师都不一样。当我忽略掉社会文化对我的教条约束，去拥抱我想要的一切，我发现这种快乐是我之前从未想象过的。

---

① 指出生于20世纪60年代中期至70年代末的一代美国人。——译者注

我是在几年前开始步入中年的。作为一个治疗师，我对自己足够了解。无论我带有什么标签，我总是用特定的目标衡量自己，而且我开始注意到在年过四十以后，我对这些目标产生了恐惧。在电视行业工作的时候，演员经纪人会在面试电视节目主持人时询问我的年龄。这个问题开始困扰我——并不是因为我在意自己的年龄，而是因为我不喜欢被这种消极的方式评价或审视。我开始思考，我还没有完成自己全部的目标，而现在也许已经太晚了。是这样吗？我应该放弃实现这些目标吗？

我越来越接近 50 岁的时候，这个年龄开始对我产生困扰。尽管我觉得从成熟程度和对生活的热情来看，我才 20 多岁（准确地说是 25 岁），但我开始形成一些消极的思维定式，它们影响到了我、我的生活与我身边的人。这让我很不舒服。我不禁开始反思：我没有必要这样做。如果我不这样做，不是会更好吗？要是每个女性都能面向未来，不去担心自己缺少机会，那该多好。

同时，我还在为中年患者提供治疗，为她们处理生活中的不满，帮助她们寻找目标和改变。因此，我开始做些调查。而在深入调查以后，我发现对中年人的年龄歧视和中年在文化中的消极联想是不合理的。

因此，让我们开始反思一下吧。在我们坚持对中年的刻板印象时，我们自己也越来越接近中年，从某种程度上说，这一点具有讽刺意味。不久之前，人们普遍接受的中年界限是从 35 岁开始，这是按照 70 岁的寿命来算的。但是现在，美国女性的平均寿命已经超过了 80 岁，因此 40 岁都不能算作中年了。英国在 2013 年的调查显示，人们平均在 53 岁时才第一次觉得自己步入中年。当然，这样的想法有些乐观。有趣的是，调查发现，过了 40 岁的受访者中有将近一半认为自己未到中年，而 80% 的人觉得定义"中年"要比过去更难。美国人没有这么乐观：佛罗里达州立大学的一项研究表明，中年的平均起始年龄是 44 岁。有趣的是，研究人员 10 年后再次采访曾参与这项调查的女性时，她们认为中年指的是 46 岁到 62 岁这段时间。参与调查的人年龄越大——尤其是女性——其观念里中年的起始年龄就越晚。

看看如今美国 40 岁至 60 岁的女性吧。难道记者梅雷迪斯·维埃拉（Meredith Vieira），主持人艾伦·德詹尼丝（Ellen DeGeneres），演员莎拉·杰西卡·帕克（Sarah Jessica Parker）、维奥拉·戴维斯（Viola Davis），喜剧演员罗西妮·巴尔（Roseanne Barr）和超模克里斯蒂·布林克利（Christie Brinkley）看上去像中年人吗？这些杰出的中年女性看上去光彩照人，丝毫不逊色于年轻女孩。她们和演员詹妮弗·安妮斯顿（Jennifer Aniston）、詹妮弗·洛佩兹（Jennifer Lopez）、杰米·李·柯蒂斯（Jamie Lee Curtis）与歌手麦当娜（Madonna）一样，在中年期仍然是行业内的领军人物。

现在，让我们把她们和你的祖母比较一番。你的祖母在 50 岁时的穿着和言谈举止是什么样的呢？如果不拿你的祖母比较，那就想想二三十年前典型中年女性的样子，比如出演《莫德》（*Maude*）和《黄金女郎》（*The Golden Girls*）的演员碧翠丝·亚瑟（Beatrice Arthur）。她们的穿着、举止与现在人到中年的好莱坞明星全然不同。因此，你要是问我能不能永远迷人、永远魅力四射，我的答案是："当然可以！！"

中年是女性真正的黄金时期。中年让我们拥有承担责任的机会，让我们寻找真正的自我，让我们发现自己真实的愿望，并找到人生的真正意义。中年是追求梦想，而并非放弃梦想的时期。中年是我们发现快乐的时期，因为此时我们不用在意他人的看法，因此能够感受到年轻时无法体会的快乐。也许我们在过去是为他人而活的，因取悦别人而忽略了自己，或总是期待他人的认同和指导。步入中年后，我们常常会说："等一下——没有必要在牺牲自己快乐的前提下取悦他人。"我们终于让自己找到了真正的自我，也无须对他人感到任何亏欠。这样的力量是永恒、性感、迷人的。这就是为什么我坚信无论你处于中年的何种阶段，此刻都是你最好的年纪。

新一代中年

在婴儿潮一代[①]步入40岁后，美国社会对中年的刻板印象渐渐消失。有着相同背景的男男女女为了和平、爱与幸福团结在一起，发动抗衰老运动，呼喊着"永远年轻"的口号。婴儿潮一代不愿意接受父母那一辈人的生活方式，当然，他们也不希望看到自己衰老，变得无足轻重，或是在社会的大背景下渐渐失去光芒。他们不懈地自我完善，拒绝接受外界所认为的衰老模样，并努力工作，实现梦想。在他们的努力

---

① 指1946年至1964年间出生的美国人。——编者注

下，如今的科学发展让长寿成为可能，而正因如此，他们引发的对传统的颠覆使下一代人，也就是我们这一代人，不仅深受恩惠，而且乐在其中。

如今的研究表明，我们的中年生活与我们父母那一辈人所经历的全然不同。这些研究大多建立在一个名为"美国中年发展"（MIDUS）的纵向研究的基础上，该研究自1995年开始，对7000多名成年美国公民进行了跟踪。例如，研究中有数据表明，由于寿命更长，人们对活得更年轻的需求也越来越强。根据美联社全国民意研究中心公共事务研究所（Associated Press-NORC Center for Public Affairs Research）的一项全民调查显示，在拥有工作、50岁以上的美国公民中，82%的人希望在达到60岁"退休年龄"以后继续工作。这也许是因为他们要为自己更长的后半生赚钱，或者仅仅因为他们还没有准备好离开职场。

同时，对现在的人来说，成长、生育和安定下来都要花更长的时间。因此，很多女性到了30岁才有成年的感觉，而到40岁时，她们根本不觉得自己已经人到中年。这并不是坏事。事实上，这样的生活方式有很大益处。年轻的心态是克服失望和被忽视感的良方，也会让人们从担心前途的迷茫中解脱。我们有更多的时间完成目标，能够成为自己想成为的人。年轻的心态还能让人对当下的生活怀有感激之情，让我们怀抱更正确的希望，更加乐观，对未来更加积极。

科学是抗衰老的好搭档，能够创造出前所未有的方法，使人的外表和心态都处于良好状态，充满活力。很多女性在四五十岁时过着一生中最好的生活，原因是她们拥有预防保健措施，采取科学的饮食方式，重新重视体育锻炼，而且买得起真正有效的护肤品和保养品。这种保持年轻和健康的能力也影响了我们的审美标准。时尚变得更为随意和普及，许多中年女性也越来越懂得该怎样打扮自己了。如果观察穿着、妆容和发型，真的很难看出20岁和50岁的女性有多少区别。媒体也接受了这种年龄观。例如，50多岁的模特和名流常常登上主流杂志的封面，甚至连受众为年轻人的杂志也不例外。这是文化观念的巨大改变，也是我们的胜利。

在许多女性对自己的想象中，她们都是25岁上下的模样。这就是为什么女性在中年期特别在意自己的容貌，而且甚至会在照镜子的时候情绪低落，因为在她们心中，她们仍然是25岁的样子。不过科学也给了我们一个不一样的答案。英国《每日邮报》的一项民意调查显示，50岁以上女性穿比基尼时比其他年龄的女性更加自信。这些比基尼宝贝知道怎样穿能展示出她们曼妙的身材，而当她们年岁渐长时，她们越来越不在乎他人的看法。研究人员特丽·阿普特（Terri Apter）在她的著作《秘密路径》（*Secret Paths*）中写道，在调查中，她发现四五十岁的女性的实际状态比想象中好得多，而且25%的人认为自己比起年轻时对异性有着更大的吸引力。

中年女性不仅看上去更漂亮、更年轻，而且也比以前更健康了。斯坦福长寿研究中心（Stanford Center on Longevity）主任劳拉·卡斯滕森（Laura Carstensen）指出，科学家们开始了解为何年龄增长会提高患病率，也正致力于研究如何延缓衰老甚至重获青春。慢性疾病和退行性疾病的本质得到揭露，为制定有效的个性化治疗方法——甚至是治愈的方法扫清了障碍，这些方法对上一辈人来说都是无法想象的。例如，试管婴儿和低温贮藏技术（将卵子冷冻保存）使四五十岁的女性获得了生育的可能，这对中年女性来说具有颠覆性的意义。

甚至我们对中年人大脑的认识也正在发生改变。在过去，我们认为人出生时就已经具有了所有脑细胞。人类身体的其他部分可以重生（例如皮肤），但是脑细胞会逐渐死亡，而且一旦死亡后便无法再生，这意味着人到中年时会开始面对智力下降的严重问题。然而，最近对大脑的透视研究表明，脑细胞的生长会伴随着我们的一生，这个过程被称为"神经可塑性"（neuroplasticity）。现在，我们了解到，我们可以学习新事物，提升思想和心境，创造新记忆，而且在上了年纪以后也能保持良好的认知能力。几项大型的纵向研究显示，我们在中年期不仅保留着青年时的大部分认知能力，而且还会习得新能力。事实上，中年是认知发展相对稳定的时期。中年人的表现相比年轻人要更上一层楼。

《女性第二次成年期指南》（*The Woman's Guide to Second Adulthood*）的作者苏珊娜·布朗·莱文（Suzanne Braun Levine）指出，脑科学研究者认为，到50岁时，大脑中负责连接过去经历、共情与衡量重要性的特定区域内会生长出新的神经突触连接。这些连接会导致思维模式的重要重组：我们会在整合数据及解决问题时更加得心应手，也会更善于管理自己的情绪。有些人将这种新型的整合形式称作"智慧"。中年女性不仅对世界拥有了更透彻的认识，而且也知道该如何适应世界,再加上更为强大的大脑,她们有能力做出更好的决定,自我控制力也有所提高,自我认知也更为明确。

中年女性具有继续学习的能力,健康又充满活力的生活就在前方等待着,这样的事实鼓舞着我们。卡斯滕森提出了动机毕生发展理论,她把该理论称为"社会情绪选择理论"(Socioemotional Selectivity Theory)。卡斯滕森认为,我们在知道大脑和身体不会在短时间内衰老这个事实以后,外表和内心都会变得年轻,同时行为模式也会变得更加年轻化,使我们的生产力更为持久。

不幸的是,反之亦然。加拿大滑铁卢大学(University of Waterloo)的一项基于中年发展的研究表明,心态衰老的人心理状态较差,对衰老的态度也很消极。这意味着,如果你认为摆在你面前的是长寿、健康的生活,那么中年对你来说无足挂齿。但是,如果你对未来忧心忡忡,那么任何科学都无法改变你对中年的观念和感受。然而这一次,你在性别上占据了优势。《突破点:中年危机如何改变当今女性》(*The Breaking Point: How Female Midlife Crisis Is Transforming Today's Women*)的作者苏·谢伦伯格(Sue Shellenbarger)认为,中年男女在态度上的最大区别就是:女性对未来怀有的期许是男性的两倍。新的冒险、技能、浪漫和幸福指数不仅是我们中年期可以实现的目标,也是我们与生俱来的特质。

不过也不要误解我的话。你在中年期经历的一切对你来说才是真实情况。中年生活也可能充斥着无聊、死板、寂寞、抑郁或焦虑,你可能会觉得自己缺乏价值,生活缺少意义。你可能会经常喝得酩酊大醉,不停地换工作或伴侣,或是疯狂购物。这些感受的诱因可能是一次创伤，比如离婚、重病、绝经、儿女离家或父母去世。衰老会让一些女性重新审视自己的生活，会对自己的境遇或身体感到不满，而这些感受也有可能仅仅是消极的情绪引发的。

步入中年时的典型转变

绝大部分有关中年的书籍都在讲"失去"，比如"到了更年期的时候，或是孩子离家以后，你会感到孤独和无用，会失去魅力，而你应该对这一切感到习惯"。现在看来，这样的说法简直可笑至极。（因为真实情况并非如此！）我是这样认为的：中年并不意味着失去，而是一段收获与成长的时光。与过去相比，现在的女性有更多的选择，可以找到真实的自我，过上自己想要的生活。对许多女性来说，幸福才刚刚开始。

迎接中年生活时，最重要的是要把中年看作人生中的另一个发展阶段。实际上，中年和青春期十分相似，而且中年也存在着特定的阶段，这一点与青春期也是相同的。这意味着你的生理和心理感受是你逐渐发育成熟的自然、正常过程的一部分，这个过程会让你成长为你应该成为的样子。

青少年从熟悉的童年状态步入全新、有些可怕的成年生活时会经历一系列转变，在这个过程中，更深层次的自我意识觉醒了，形成了新的观点和视角。他们与自我进行的斗争既刺激又具有挑战性。我发现许多女性对中年的看法也是一样的。我们正在经历相同类型的转变，因此我们可以利用青春期的心理能量给予自己一份勇气，做一些勇敢的事。当然，这并不是说我们要做回中学时期的自己，或是盲目地和孩子在一起。我们并非要再一次经历青春期的伤痛和尴尬，也不一定要重复过去的错误和焦虑、鲁莽的行为。再次找到青春期的能量，意味着我们要重复正常的、积极的、健康的青春期行为。而这一次，我们拥有了宝贵的经验和来之不易的智慧，而这一切能够让我们排除掉青春期里曾经让我们磕磕绊绊的幼稚头脑和各种问题。中年时的我们已经明白，自己的行为会产生什么样的影响。然而，这不该成为我们抓住机会充实人生的绊脚石。

事实上，我们已经找到了年轻的根源。我们如果从年轻的自己或青少年文化中找到灵感，就能将年轻人健康有益的态度和举止为我们所用。当我们具有——或是通过改进后得到——许多能够使我们一头冲向未来、准备好面对世界的特质，我们就能够迎接即将到来的一切。

我写这本书的目的是帮助人们摆脱对待中年的错误心态，代之以通过这种青春期模式下的视角和经验形成的全新观点。你可以把它看作一种内心转变——我愿意称之为"大脑中的肉毒杆菌"。

我发现，现有的基于年龄奥秘和刻板印象的研究会使女性对中年产生不良印象。而你在使用了我为患者制定的心理疗法以后，会逐步实现我的设想。这些疗法会使你产生良好的自我感觉，还会让你变得越来越有活力，这样你就能享受当下的生活了。

我希望这本书让你借此机会说出：现在还不晚，我还能提升自我。你面临的挑战是要进行深度的自我挖掘，重新定义自我，找到你最深层次的价值，并成为最真实的自己。这样，你才能够彻底改变观念，摆脱社会中的条条框框，开辟崭新的天地。

首先，你将进一步探究青春期模式，以便更清楚地进行发育对比研究。其次，你将以高效、系统的方式进行深入的自我剖析。你将观察当下生活的方方面面，并找到重新平衡各方面的方式，而一开始你将会面对遗憾和失望的情绪。也许你已经找出了生活中前进路上的阻碍。你一定曾为增强营养而修改食谱，或是为了改善身材而修改健身计划。那么，你可以采取相同的方法调整心态，使生活态度变得积极乐观。

你会找到造成中年压力和焦虑的原因，并掌握放下过去、恢复活力的方法。我也会解释为什么补充营养、加强锻炼和改善睡眠这三大生活习惯对中年女性至关重要，以及你应该如何用最恰当的方式改善身心健康。同时，我也会戳穿衰老与美丽无缘这个谎言，你会发现现在的自己是最美的。

你会发现中年期的婚姻秘密，并掌握寻找真爱、建立更多亲密关系的新方法。同时，你会了解该如何参与到工作中，或是通过在新工作中培养爱好和个人兴趣来获得满足。我会教你摆脱对青春的幻想，这样你才能脚踏实地地接受中年期的自己，获得自己所需的一切。我认为，在中年期，幸福的秘诀之一是探索我们的内心世界。我有时也会感到压力过大，重要的在于你要找到自己的真实目标，这才是中年生活幸福的诀窍。

我会在本书中与你们分享自己的故事和我帮助过的一些

女性的案例，以帮你们了解该如何摆脱精神混乱的状态，找到自己中年期的巨大潜力，实现自己的目标，最重要的是产生良好的感受。你也将看到许多优秀女性的案例，她们的中年生活中充满了探索、成长、改变、智慧、成就、人脉和趣味。这些女性在中年生活方面很有一手。其中包括《今日秀》（Today）节目的主持人霍达·克布（Hoda Kotb）和凯茜·李·吉福德（Kathie Lee Gifford）、演员苏珊娜·萨默斯（Suzanne Somers）、超模埃姆（Emme）、金融专家简·查兹基（Jean Chatzky）、小说家及《时尚》（Cosmopolitan）杂志前主编凯特·怀特（Kate White）、获奖记者及电视名人琼安·兰登（Joan Lunden）、名嘴黛博拉·诺维尔（Deborah Norville）、记者特玛森·法道（Tamsen Fadal）和珊妮·霍斯汀（Sunny Hostin），等等。

让我们启程吧

我从事心理治疗师这个职业已经超过 20 年了，因此十分清楚，只要摆脱了谣言、刻板印象和他人经历的限制，你就能够充分享受这段美好的时光。我知道，大家都不愿过多地思考自己的困难。我希望觉得自己是快乐的，希望实现的事情比没有实现的多，相信你也是一样的。多年前我就已经知晓，也许一个小小的改变就会让一个人走上正途，并非总要一次巨大的跨越或变化。你只要做出一点微小但十分重要的改变，就能到达想去的地方，成为想成为的人，让人生出现转机。你能够迅速地获得自我提升，活得更快乐。

作为心理治疗师，我帮助患者改变不正确的想法，并为她们提供反馈，使她们变得不一样。我见证了她们如何打破恐惧，调整负面心态，懂得原谅自己，并得到中年期最好的礼物。我希望这本书能够为你带去鼓励，这些经验能够融入你的个人目标，使你年轻、优雅地生活。这是你可以实现的未来，也是会令你感到幸福的未来。事实上，你也许正步入你一生中最美好的年华。

第二章

青春期能教给你的事

我一直是个特立独行的女孩。年轻的时候,我喜欢打破规则(不是法律,只是规则),质疑权威,并追寻最远大的梦想。有的时候我不愿取悦任何人,只愿意听从自己的内心,这样的生活方式对我来说有趣又自由。但是成年以后,我必须有所收敛,不能再意气用事,因为只有这样,我才能在成人世界中生存下去。多年以后,我变得更有责任感、更传统、更理性,可是我觉得自己的内心深处一直仍然住着那个叛逆的女孩。

等到40岁的时候,我发现自己已经被生活中不可避免的挫折磨平了棱角。那些我热爱的充满希望和魔力的想法曾使我的青春无比精彩,可是如今它们已经渐渐消失了,取而代之的是更加实际,却带有一些悲观色彩的观点。我知道,如果我想找回自己情感中的魔力,就必须找到办法恢复自己青春期的思维方式,这样才能重新有活力地生活下去。我开始寻找能够让我感到兴奋的新观点,以找回生活的新鲜感和生动感,这会为我的工作和家庭生活带来新的热情。我开始写更多自己感兴趣的话题,这些话题对我来说既是挑战,又是激励。我把自己对复古珠宝的兴趣转移到了商业领域:我在网上、纽约和新泽西当地的精品店经营珠宝品牌。这些富有创新精神的冒险使我的生活再次充满积极与活力,并使我对未来更加怀有希望。

在本章中,我将介绍我自己创造的一些方法,这些方法经过我自身的探索和患者的实践,能够有效地帮中年女性找回年轻时的状态。我认为,享受中年生活最好的方式是从青春期汲取灵感,采取青春期的某些有益的行为方式。我认识并敬仰的最成功的中年人,都是能将成年生活与青春期心态完美地结合在一起的人。

第二次青春期

青少年从青春期过渡到成年期时,会确定自己想成为什么样的人,而在中年期,我们会经历相似的过渡,并寻找到更加真实、优秀的目标。我并非唯一这样认为的人。1976年,盖尔·希伊(Gail Sheehy)曾在其开创性的著作《短文集》(*Passages*)中把这种中年期的转变称为"第二次青春期"(middlescence)。她认为,女性在中年会经历一段自我认知的更新期,这个对自己进行反省的过程类似于青春期,而这段时期会受到过往经历中得到的经验的影响。希伊于1996年在《每日邮报》(*Daily Mail*)上发表的文章中写道:"把你45岁以后的生活想象成另一段精彩的人生吧。中年并不意味着衰老和更年期,只要把中年看作你的第二段青春期,你就能经历一段全新的生活,其中充满了更重要的意义、崭新的乐趣和创造力。"

卡尔·荣格(Carl Jung)首先把中年看作具有四个不同

阶段的转型期，他认为这四个阶段能够与青春期的四个阶段相对应，从不确定自己是谁到最终确定自己想成为什么样的人。这四个阶段并非总是直接或连续发生的，但是能够解释发生在中年期的相似问题和变化。明确这四个阶段能够帮助你更加自然、顺利地接受自己的变化。我会对中年期和青春期的各个阶段进行比较，这样你会更加直观地看到两者之间的联系。

调整适应

在这一阶段，你还是会在不同场合扮演不同的人，即所谓的"人格面具"。其实从某种程度上说，无论是否人到中年，你在不同场合表现的人格特质定会有所差异。适当的变通是有必要的。你在工作时的言谈举止与你和女性好友夜间玩乐时肯定相去甚远。你必须行为恰当，有时还要有所区分，才能把握好自己的生活状态。

青少年会表现出几种不同的人格，这是他们探索自己身份的过程：他们会根据不同的情况扮演不同的角色。到了中年，你已经知道该如何以最好的姿态应对每一种状态，但是这样八面玲珑的生活会让你感觉到压抑和虚假。那么关键就在于适度，不要过于任性，也不要过于限制自己，尤其当自己的真实需要受到威胁的时候。你应该对自己的核心人格产生足够的自信，而不是过于在意他人的看法。

争取独立

回忆一下你的青春期，那时你是不是相信自己永远是对的，而其他人都是错的？你产生这种想法的原因是想要与父母划清界限，争取独立。独立是为了摆脱不再适合自己的外壳。青少年通过否定父母的价值观来从父母身边独立，这是一个发现和定义自我的过程。

在中年期，你也在寻找着自己的真实人格，但是这一次，你摆脱的不是自己，而是想象中的那个人。也许，你一直以来都在委曲求全，取悦着你的父母、爱人、朋友或孩子，或者按照社会文化传统的要求生活（应该结婚、生孩子、工作等等）。而到了中年以后，我们更加清楚做什么是快乐的，做什么是不快乐的。我们更加善于摆脱传统的限制，更加重视自己的需求和愿望。我们有强烈的冲动听从自己内心的声音，享受自己的生活。中年女性最终能够做到真实地生活。

在我看来，每个女性身上都存在年轻时的那种内心力量。现在，是时候摆脱那些对你造成阻碍的规则，停止扮演那些自己不喜欢的角色了。要想拥有心态更加健康的中年生活，你不能只为他人考虑，尤其是不能对不适合你的事情委曲求全。全新的、更具智慧的自我正在诞生。给自己一个机会，问问自己，我现在想成为什么样的人？我现在到底想要什么？如果别人不喜欢我的选择，那又能怎么样？

与过去的自己划清界限并不是一个简单的过程，需要你精神专注并学会自我反思，因此自我分析是其中必不可少的部分。与青少年成长中进进退退的状态一样，中年女性在这个转变的过程中也是带着一些迟疑的。青少年担心他人会对他们品头论足。他们以自我为中心，重视自己的需求，青春期的少女非常在意自己的形象，会经常照镜子、翻阅杂志，并热衷于追随时尚。而到了中年以后，这样的现象会再次出现。你会过分关注自己的外表：其他人还会觉得我有魅力吗？他们会不会觉得我太老了？在这种不稳定的情绪状态中，你会尽可能地以最光彩的样子示人，不过你的内心并非如你表现出来的一样。你会倾向于按照理想中自己的模样展示自己的生活，而不是展示出生活的真实状态。你完成了独立的这个阶段以后，会发现自己生活得更加真实。

重新整合

在这个阶段，你对自我有了更加明确的认识，同时也具备了更加完善的人格。当你清楚自己想要什么以后，你就进入了这个阶段，而且开始了改变的第一步。青少年会在这一阶段找到自己喜欢的领域，而这份热情会帮助他们根据天赋和兴趣规划未来。青少年的这一阶段可能发生在加入一个感兴趣的慈善团体，或是选择大学或职业学校的时候。而中年人在这一阶段会以充满激情的全新视角看待自身和自己的目标。例如，在结构稳定的企业中工作的女性可能会喜欢做些彰显创造力的活动，将在自己的爱好中寻找商机。

中年是一个转折点，为你提供了更多机会，但同时这些改变也会带来焦虑情绪。重新整合是将理想付诸实践的过程，是设定与实现新目标的过程。在这一阶段，你将会在做出改变时直接面对焦虑，而当理想实现的时候，焦虑也就随之消失了。

青少年常常通过偶像和榜样来确定自己想成为什么样的

人，而你也可以这样做。希望你能在本书采访的几位女性中找到理想的榜样。你也可以寻找能够为你提供帮助的人，包括你的朋友、家人或是治疗专家。同时，年轻时的你，或是其他一些年轻人，在很多方面也可以成为现在的你的榜样。事实上，青春本身也能成为你的榜样。选择两三个年轻的偶像（公众人物或你身边的人），探索她们在哪些方面能给你带来激励与鼓舞。

发展个性

在最后的这一阶段，你会找到并整理存在的问题，并最终达到平衡状态。在青春期，个性化的标志是年轻人不再按照他人的想法，而是根据自己的价值观和愿望自由地做选择。在中年期，个性形成是冲突内化认知和整合的过程，是质疑他人权威的过程。在这个过程中，你会问自己，你向外界表现出的自己是不是真实的自己。同时，你会开始检查自己是不是一直在满足他人的要求，而忽略了自己的需要。最终，你会承认并接受自己个性中的局限和缺陷，尤其是当你和想象中自己的样子做比较的时候。

假如你一直都想成为收入可观的艺术家，但你的艺术作品并没有让你收获理想中的结果。有的时候，我们理想中的计划无法实现（而且说真的，能实现的理想究竟有几个呢），但是这并不意味着我们的人生是失败的。还差得远呢！要懂得原谅自己不能实现某一个目标，并继续享受你富有创造力的生活吧。

青少年与中年生活的对比

通过对比,我们可以发现在青少年和中年期,我们的身体和大脑存在着许多有趣的现象。

不断变化的身体

青少年的快乐建立在对自己外表和感受每时每刻的满足上。他们的身体在不断发生变化,包括快速生长、青春期性征发育和常见的叛逆心理。在身体内部,他们的大脑正在快速地生长和变化。而中年女性也会出现生理变化,有些是令人苦恼的,而有些会让人惊喜,这与青年时期发生的变化情况相同。具有讽刺性的是,我们大多数时候的关注点仍和青少年时期相同:皮肤、头发、牙齿和体重。

激素的波动

青春期和中年期最明显的联系就是激素水平。青春期少女步入成年期,对自己身体上的巨大变化也逐渐习惯,而中年女性也面临同样的情况,只不过中年期激素不会上升,而是急剧下降。我们体内激素的下降影响着身体和思维,会使我们质疑自己的女性气质和性吸引力,会导致我们改变对自己的看法。

精神病学家丹尼尔·西格尔(Daniel Siegel)博士在其著作《青春期大脑风暴:青少年是如何思考与行动的》(*Brainstorm: The Power and Purpose of the Teenage Brain*)中提到了

有关青春期最骇人听闻的谣言:激素激增会使青少年"失去理智"。虽然在青春期激素会增多,但是这些化学信使并非冲动、鲁莽这些青春期行为的罪魁祸首,责任最大的其实是青春期大脑中发生的变化。

对中年女性来说也是这样。中年经常出现的激素变化并不是我们所思所感的全部诱因。我们对自己的生活或生活方式感到不满,对原本快乐的生活感到无聊,以及质疑人生的价值和自己过去所做的决定,这一切可能并不是更年期的责任。单单激素这一点无法解释发生在中年的一切情绪波动。

情绪过山车

苏珊娜·布朗·莱文指出,在我们的一生中,唯一和中年期一样出现大脑生长和变化的时期就是青春期。对青少年来说,大脑的变化和重组催生了典型青少年行为的四大特质。青少年的大部分焦虑和自省来自于变化,而这一点也会发生在中年期。让我们一起看看关于青少年的经历我们都有哪些了解,以及你会如何度过相同的情况。

· 追求新奇

青少年大脑中奖赏中枢(reward center)的发育会使他们的冒险欲望增强。有些父母把寻求刺激看作冲动,但是我认为这是青少年对改变和新事物更加开放的表现。事实上,较常人成功和能保持年轻的成年人也需要相同的能力,开放和自发行为能够让我们对生活更加投入。

青少年们善于追求新奇，是因为从文化角度看，他们可以接受犯错误，可以跳出僵化思维。中年人也有很强烈的寻求刺激的愿望，但他们常常会不自觉地抑制自己的新想法，害怕一切失去控制或发生预期外情况的危险。做出改变和尝试的能力很重要。畅销书作家布琳·布朗（Brené Brown）在2010年的TED演讲中建议人们关注脆弱。她的建议是，当我们犹豫要不要尝试一件新事物的时候，"那就去做它。因为当我们因为自己的情绪而避免冒险的时候，我们也失去了快乐，失去了感恩，失去了幸福"。

这就是说，关键在于要用你已经获得的智慧仔细、理智、非破坏性地尝试新鲜事物。这可能吗？当然可能！只要你在接受新的自己时一步一步来就可以了。有创意的新事物不一定是危险的。它只是迈向新方向的一步，能让你打开一片新天地。

· 社会交往

青少年常常会求助于同伴，这样会给他们带来更好的自我感觉。在中年期，你和女性朋友的关系具有新的重要意义，因为你正在努力地与和你处于相同阶段的人们沟通。同样，你也可以求助于你的家人、治疗师以及其他你信任的、能够正确评价你并为你提供温和反馈的人。这会使你更加了解你的位置，帮你避免思维的局限性。

· 情绪强度

青少年能在几分钟之内从哈哈大笑转为号啕大哭，这些情绪十分强烈。中年人和青少年一样，也具有十分强烈的情绪。情绪是非常复杂、矛盾而混乱的。一些情绪甚至会掩盖其他情绪，在我们准备好处理时才会显露出来。应对强烈的情绪是一种令人恐惧的感受，有时人们会压抑这些情绪，不敢表达。

关于提升情商和了解自己的内心情绪，有很多话题值得一谈。情绪能带给你宝贵的视角和信息。你的情绪比你的思维更加重要、诚实、原始，这就是为什么情绪能让你获得内心状态的真实反馈。了解自己的情绪，你就会知道你更想得到什么。任何形式的情绪不安都会让你重新审视自己的生活。例如，无聊可能是在暗示你的生活过于舒适，需要做出一些改变了。情绪能够为你提供线索，让你发现你需要做出的改变。例如，如果你嫉妒一个朋友的婚姻，这就意味着圆满、亲密的关系对你的自我满足感来说非常重要。

·创造性探索

青春期充满了好奇、创新和热情。拥有着这些特质的青少年认为自己又酷又时髦，与生活中的一切紧密相连。他们创造着自己的机会，并与常规背道而驰。而拥有这些特质的中年人也拥有同样的创新欲望：他们希望推翻自己遵守的规则，但中年人把改变看作提升自我的方式。他们开辟的新方法能够提高他们对自我和生活的感受。

探索是给予自己新挑战的能力，你可以通过接受挑战，找到今后的正确方向。好奇心会让你成为更有趣的人。保持开放的态度不仅会让生活变得有趣,而且还有许多惊人的好处。

- 对人和世界的好奇心能够让你的社会生活丰富多彩。你圈子中的人越多,就说明你越有趣。
- 好奇心可以降低焦虑感。你和陌生人交往的意愿和能力会使你的焦虑无影无踪。
- 好奇心和幸福感有关。有些人认为,我们在年轻的时候就拥有了"幸福定位点"。在绝大多数时候,我们处于这条幸福水平线上,而这条线会因为生活事件而起起伏伏。保持好奇能使你的幸福定位点上升,因为你对新观点、陌生的人和事件敞开了怀抱。

我知道,很多女性不愿意重新经历一遍青春期,但是我们可以从过去吸取经验,以指导未来。我们从童年顺利过渡到了成年,因此我们也可以用同样的方法让自己的方方面面变得更为重要和完善。如果我们在中年时敢于冒险、与朋友交往、直面自己的情绪以及做选择时更具创新性,那么中年对我们来说就是一个充满无限可能的全新世界。

青春期心态的魔力

我们从大量的双胞胎研究中得出,生活方式和生活经历不仅会影响基因表达,而且会影响外表的生理年龄。当同卵双胞胎离开家时,他们选择的生活方式不仅影响了他们看待世界的方式,也影响了他们看待自己的方式。布兰迪斯大学

(Brandeis University)教授玛吉·拉克曼（Margie Lachman）的研究表示，那些认为自己更年轻的人也普遍更快乐。这项研究表明我们具有选择的权力。如果我们选择的生活方式与青春期时的自己更为一致，我们所做的选择就会对生活产生更为积极的影响。当我们放弃了青春期的思维方式，生活恐怕就会变得无聊、孤独、迟钝和刻板。这种与青春期的差距是不是产生中年危机的另一个原因？这是很有可能的。当我们最终"长大成人"后，我们也就失去了自己的青春期能量，并对这种损失感到忧伤。

失去了青春期的热情让我们对未来感到困惑和忧虑，前途一片渺茫。谁会愿意在不必要的时候经历这些感受呢？没有人愿意！我们都希望感受快乐、刺激和活力，都希望被认同。如果成长让我们对自己的生活如此不满，那么也许我们应该把这盏不美好的灯关上，开辟一条新的道路。

现在，你也许会这样想："这是个好主意，但当我看到朋友的举止和穿着像个青少年的时候，我吓了一跳。"也许你朋友的做法有些过头，但如果你问我怎么看，我认为这种做法虽然极端，却隐藏着光辉。想要借用青春期的能量和热情，并不是说你要回到18岁，而是说你只需要接受这个观点：现在正是你最好的年华。你的目标是与青春期的能量保持同步，同时不做糟糕、短视或幼稚的决定。

《今夜娱乐》（Entertainment Tonight）的制作人曾问过我，社会名流做出与自己实际年龄相比更幼稚的举动是否存在着心理因素。那些选择永远以新奇形象示人的名人具有与生俱来的创造性，他们外表年轻的原因在于他们拥有年轻的心态。她们能够保持年轻的状态，我们可以效仿她们，让自己的青春永恒。这并不意味着你要做某些艺人做过的疯狂的事，但是你可以挖掘自己内心的艺术人格，让自己做更多有创造性的活动。事实上，《发展心理学》（Developmental Psychology）杂志于 2015 年发表的一项纵向研究表明，那些有逆反倾向、不遵守规则的青少年在成年后比同龄人的收入高。这个结果十分有趣：原本是青春期的负面特征，却在成年后获得了正面的结果。也许是对自我的坚持和不墨守成规的强大意愿使这些人最终收获了良好的结果。

这项研究表明，在合适的情况下，这种年轻、肆无忌惮的行为对青少年和成年人来说都是有益的。当中年的问题时刻到来——无论你是遇到了障碍、准备实现目标还是意图规划人生，你都可以随时激发出自己的青少年精神状态。这些方法能够让你更关注自己的目标，而不是仅仅过一成不变的生活。

巧用青少年视角

很明显，如今青少年的成年过程延迟了。他们放缓了自己的生活节奏，并变得更加深思熟虑。是啊，何必匆忙生活呢？他们知道自己有更长的时间可以实现目标。如果我们打算借用青春期的健康心态，那么我们能否放慢中年生活的脚步呢？我在上一章中解释过，我们已经这样做了。这就是为什么懂得利用青春期心态的女性和其他女性虽然实际年龄相同，却处于人生中的不同阶段。

想象一下你如果用青少年的视角做选择，并利用青少年的好奇心、抗压力和自发性提升自我，会有什么作用。

- 能够说出自己的想法，质疑权威，并做出一些改变
- 能够尝试新事物，并在需要的时候寻求帮助
- 能够认为一切皆可能，拥有乐观心态
- 能够依靠你的同龄人
- 能够跟上潮流
- 能够学会拒绝
- 能够表现出些许淘气和逆反

从音乐开始

我们在青年时期大多非常迷恋音乐。在青春期的重要时刻听到的歌常常会给我们留下持久的印象。音乐的浪漫、象征意义和神奇会在我们情绪化、进行创造性活动或寻找答案时与我们谈话。

你可以列出你高中时期最喜欢的歌单，以此来找回青少年时期的自己。选一些能感动你或让你微笑的歌。思考一下你想拥有什么样的人格，或是想要具有什么样的心态。思考一下你年轻时喜欢什么样的性格和处世态度，或是那些你希望保有的特质。选择一些能够代表这些特质，或是能够让你感受到这些特质的歌。

在听这些歌的时候要选择固定的时间和地点，留意一下自己产生了什么想法和感受。思考这些音乐是如何影响你对

自身、情绪和目标的看法的，然后根据你不断变换的情绪来改变歌单。

探究你的过去

一直以来，人们常常会问："你想对年轻时的自己说些什么？"但是我想问的是："年长的你能够从年轻的你身上学到什么？"在中年期，回想青春时光会让我们受益良多。

年轻的你会让自己想起最初的目标和梦想。她会让你真实地面对自己和人生，并鼓励你为梦想奋斗直至成功。她会让你相信自己和未来，因为你是值得相信的。她一定会教你为"可以"打拼，不接受"不可以"为答案，教你活在当下并追求你的兴趣，即使你要挑战权威或既定规则。她会让你再一次找到通向快乐、满足和成功的途径。

在这本书中，我将剖析中年期的一些常见话题，并讲述如何采用新颖而年轻的方式解决我们将遇到的问题。我提出的挑战是：如果年龄是一种精神状态，那么何不用同样的激情和乐观拥抱生活，就像你刚刚来到这个世界上一样？让我们改变消极的中年基调，一起行动，解放自我吧。

充分利用年轻时的自己——或是更上一层楼，利用你一直想拥有的青春——开启你的中年生活。这样，你就会发现你真实的样子，并实现你的梦想。第一步是要弄清，到底是什么妨碍了你前进的脚步。

第三章

以复原力
面对遗憾

我在 20 岁的时候满怀壮志。我记得自己曾向为我进行精神分析培训的导师做过大胆的宣言:"我不想让自己的生活有任何遗憾。"我的意思是说,我希望我所做的选择不会限制或伤害到我,并能够让我开发出全部潜能。我目睹过家人和朋友做出糟糕的选择,这些让他们后悔的选择使他们的生活脱离了正轨,造成了许多麻烦。我希望避免这些不幸而又可怕的后果。

我的导师是一位中年女性,她平静地回答我说:"罗比,生活中是不可能没有任何遗憾的。"

一开始我对她的回答感到有些震惊。但是我在思考以后,发觉她的话语振聋发聩。她说得一点儿都没错。我们在不同选项之间做出选择,而每一个选择都影响深远。即使我们面对最佳选项或最简单的选择(鸡肉还是鱼肉、黑色的鞋还是棕色的鞋),有些选择也会将我们引上一条遗憾的道路。

现在我人到中年,已经明白自己一定会有遗憾,但是,我会试着让自己不陷在遗憾中太久。我已经从我的老师、患者以及成长中获得的智慧中学到,让我们止步不前的并非遗憾本身,而是我们处理遗憾的方式。我们不应该被遗憾打倒或停止追求自己的梦想。在本章中,我会详细地介绍应该怎样面对自己的遗憾,并对遗憾加以利用,这样一来,你不仅能够走出过去，而且还能快乐地向前迈进。

中年的遗憾

心理学家玛吉·拉克曼认为，在中年期，我们的一切都处于中间位置：我们到了中年，自然会回首过往的经历，之后会展望未来，选择接下来的道路。对某些女性来说，人到中年回首往事时，总是夹杂着遗憾的心情。虽说遗憾存在于任何年龄，但中年期面对的失望会让人痛心疾首：我还没有实现自己的目标。我还有时间实现梦想吗？我是在自我欺骗吗？我应该接受现在这种不令人满意的生活现实吗？

我们在中年时的遗憾与上一辈人的遭遇全然不同。请记住，我们与他们步入中年的时间点是不同的。最有意思的是，除了一些特定的遗憾（家庭、职业、金钱、爱情、容貌等），女性还倾向于对没有得到的东西而不是做出的决定感到遗憾。对我们来说，在我们自我设定的时间轴上发现梦想还没有实现是轻而易举的事，这些没有实现的梦想存在于生活的方方面面：一个家庭、一段恋情、一个职业或一段冒险。我们看到未来的路还很长，我们只要从不如意的生活中走出来，仍有时间去实现自己的目标和梦想。遗憾会导致所谓的"反事实思维"——想象自己本可以过上另一种生活的能力。当我们仅仅关注于我们能做而没有做到的事，就会错过当下正在发生的快乐。同时，当我们把没有实现的目标与现实做对比时，那些目标就会变得理想化。例如，我的中年患者们最悲伤的反事实思维之一便是，应该早点要孩子。

另一种中年遗憾是，我们在到达某个让我们不满足的位置时就止步了。这种遗憾强调了我们本能够和本应该走上的其他道路，但事实上我们的最终选择并没有带来良好的结果。某些女性遗憾没能在她们追求的事业方面做出完美的表现，并把这种遗憾与罪恶感联系在一起。我们抱怨自己没有做出正确的选择或走上一条正确的道路，从理论上讲，这些选择或道路会使我们更成功。这种遗憾会使我们不相信自己有能力在未来做出明智的选择，这种想法会使我们麻木并最终在糟糕的生活中不可自拔，因为我们不相信自己可以做出正确的决定，那么我们现在的生活就不可能变得更好。精神分析学家米尔德丽德·纽曼（Mildred Newman）、伯纳德·伯科威茨（Bernard Berkowitz）和简·欧文（Jean Owen）的著作《如何成为自己最好的朋友》（*How to Be Your Own Best Friend*）中指出，最让人感到不安的经历是承认自己的错误。但是在学会再次相信自己之前，首先要学会接受你所做出的选择并非最佳选择的事实。

畅销书作家布朗妮·韦尔（Bronnie Ware）是澳大利亚的一位临终关怀护士，她参与记录了几十位临终患者的遗憾。她在《临终前最后悔的五件事》（*The Top Five Regrets of the Dying*）一书中写道，许多患者都有相同的遗憾：他们希望当初过自己真正想过而不是满足他人期望的生活；他们希望当初没有花这么多的精力在工作上；他们希望当初能有勇气表达自己的感受；他们希望当初能和朋友保持联系；他们希望当初能让自己活得更开心。这些遗憾都围绕着一个相同的主题，那就是我们总是追求自己认为正确的生活方式，尽管这样的方式会使我们迷失真正的自我。

遗憾中的机遇之光

你会有自己的遗憾，但是你可以利用遗憾走向未来，做出积极的改变。遗憾不应该被看作难以逾越的障碍；相反，我认为遗憾是你反思生活的有效途径，你应该对自己能够辨认出痛苦而感到骄傲。

关键在于，你要好好利用自己的遗憾。遗憾可能是为你的生活注入能量和意义的唤醒剂。在中年期，遗憾可以创造出崭新的机会和转折，因为你终于准备好生活在属于自己的世界里了。你的遗憾使你正视那些不适合你的选择，如果你可以好好利用遗憾，那么你还来得及做出必要的改变。

遗憾是有好处的，能够让你提出特定的问题，分析你真实的能力，并让你找到实现目标的合适方法。正如心理学家罗杰·古尔德（Roger Gould）在提到自己遗憾的情况时说："现在我准备好做自己了。我准备好承认我力所能及与望尘莫及的领域，并向前迈进了。"你在中年时终于可以向自己提出这个难题了：为了实现真正意义上的满足，我应该做出什么改变？我足够努力吗？我充分利用了自己的天分和能力去完成自己应该完成的事情了吗？

我最近听了盖尔·希伊为其回忆录《勇气》（Daring）做的采访，很喜欢她看待遗憾和失败的观点。希伊说过一句很有智慧的话："生活就是不断地失败。"我太同意她的说法了。我们都会失败的，所以要保证能从失败中收获教训。如果我们处理得当的话，失败能让我们变得更好，但是我们需要首先提醒自己认识到这个有力的观点。这就是为什么我们要不断告诉自己：如果我即将失败，就让我失败吧。

找出问题所在是找到解决方案的第一步，当你的幸福岌岌可危时，就是你仔细审视遗憾的时候了。幸福是每个人的选择。为了以最积极的手段利用遗憾，你需要找到你做出的选择、选择的原因和选择的结果之间的联系。如果你对现状不甚满意，那么你应该从经历中汲取经验，使生活变得更好。在原来的模式和习惯中止步不前，安于"舒服的"熟悉环境或惧怕改变，会让你假装对生活满意。但是如果你再也假装不下去了，你就应该问问自己，我如何才能结束这样的状态呢？这个选择为什么不适合我呢？我能为此做些什么呢？虽然我不能改变过去，但是我现在应该做些什么来改变现状，使生活变得更好？

遗憾是痛苦的。一旦你发现了自己的遗憾，下一步就是承认遗憾带来的感受，这样你才能彻底面对过去，改善现状。你对自己的感受接受得越多，就越容易从羞耻和脆弱中解脱。然后你就会对自己更宽容一些——这是从阻碍你前进的过去中完全解脱的下一步，之后你就能做出真实、持久的改变了。

与遗憾相处

感受不是事实，但是会迷惑我们，让我们以为它就是事实。我们相信自己的感受。如果我们感到绝望，我们就会认为事情是绝望的。如果我们感到焦虑，我们就会认为有些事情令人担心。但事实上，我们的感受是不可靠的，因为感受取决于我们的看法，而看法时对时错。我们是从自己的视角观察事物的，而有时我们的视角会被过去的经历影响，让我们忽略当下正在发生的事情，这会导致强烈的情绪反应，削弱我们找到其他可能性的能力。同时，感受也每时每刻都在发生变化。这就是为什么要尊重和承认你的遗憾情绪，但是不要认为遗憾情绪会预示你的未来。

遗憾的感受被比喻成"对事实的消极扭曲"，让你觉得自己是生活的受害者，而认识不到可以让你参与其中的创造力。当你用"一半杯子是空的"这个视角看待生活时，就会发生消极扭曲。对自己感到遗憾并把自己当作受害者是十分可怕的行为，会让你丧失力量。以过分乐观的视角看待事物则要好得多，因为这会激励你，让你继续向前。

在极端情况下，中年女性会经历遗憾、绝望、沮丧或麻木的感受。这些强烈的感受会使你无法看到事物积极的结果。这些想法过于黑暗，因此你会试着控制或克服遗憾及其他情绪。不幸的是，压抑或拒绝承认这些情绪只会使它们越来越强烈，让你感觉更受压迫。

羡慕和嫉妒是遗憾的两个近亲。当你觉得其他人过得比你好的时候，你会出现气愤、痛苦和怨恨的情绪。当你嫉妒别人的时候，你会对自己的生活感到遗憾，尽管这种遗憾是完全没有根据的。事实上，无论你拥有的东西多还是少，总会有人比你拥有的更多。如果你把嫉妒当作了解自己欲望的方式，这很好，但总是关注你没有的东西会使你感到不幸福。花太多精力在你没有的东西上，忽略你所拥有的，会让你错过生活的乐趣。

所有的消极情绪都是令人难以忍受的。很多人不愿接受挫败感，这无可厚非。我们不知道应该以何种方式在什么场合表达我们的情绪，而且这些情绪让我们感到惭愧，因此承认这些情绪让我们感到痛苦，感到自己糟透了。布朗妮·韦尔在其书中指出，很多人为了与他人和平相处，都会压抑自己的情绪。他们的生活黯淡无光，因为他们从不考虑自己的感受。

为了从遗憾中走出来，首先，你必须正视自己的情绪，并以健康的方式利用它们。其中的关键在于正视自己的情绪，从中汲取经验，并把这些情绪当作你出发的起点。试着与自己和自己的思想安静地独处，把你的情绪当成当前环境下的真实反应来接纳。不要陷入自我责备的状态中，不要一味想着"我命真苦"，你要懂得，无力感实际上是你向自己发出的信号，告诉自己有些事情出现了问题。在产生情绪以后，不要否认它们，因为情绪一定会消失，所以在情绪消失之前要认真感受它们。当它们消失以后，你会发现自己战胜了它们，并懂得了情绪本身并不是阻碍你前进的因素。如果不这样做，情绪会影响你的行动。例如，如果你的遗憾使你嫉妒他人，阻碍你前进的就并不是嫉妒本身，而是你对待嫉妒情绪的方式。

其次，你要允许自己经历一段伤心的时光，因为悲伤不仅仅会在你失去心爱之物的时候产生。你会为自己的遗憾和失望而悲伤，为事情未能像计划中那样进行而悲伤，尤其是失恋或工作不顺的情况。不要让悲伤将你打倒。自我惩罚或自我羞辱只会让你陷入痛苦的遗憾中，不如改变你自我对话的方式，变得更积极一些。把"我命真苦，事情永远不会发生"变成"我知道我希望做出改变，我可以做出改变，我需要做的是弄清楚如何改变以及谁能够为我提供帮助"。

最后一步是原谅。向你自己和与遗憾有关的人道歉，承认你在自己的缺点中起到的作用，给自己一个时限，然后告诉自己：好了，我已经惩罚完自己了。之后就继续向着未来前进吧。

一种能让你获得这种体验并正确看待自己情绪的强力策略是，在视角更为平衡、更加共情的状态下回顾你的遗憾中的重要方面。你需要成为你生活中的女主角，或文笔动人的自传作家。

我的患者辛西娅因为酗酒而过得一团糟，她非常恨自己。她已经45岁了，遗憾自己没有在生活和事业上取得更多成就，并十分嫉妒自己的兄弟，因为他获得了许多曾与她擦肩而过的成就。在我帮助她回顾过去以后，她能够将自己视为女主角了。她愿意通过治疗和加入嗜酒者互诫协会来解决她的酗酒问题，也开始见到成效。我让她学会对自己说，我知道自己应该解决酗酒问题，但我在有些领域已经做得很好了，而且会越来越好。我相信自己能从现在开始做出更好的选择。每次感觉气愤的时候，她都会用这个方法，她发现这能让她感觉好一些。同时，我还帮助她注意到自己的优点：辛西娅很有幽默感，而且她的活力使她很有魅力。我们一起讨论做什么工作能够让她发挥擅长与他人交往的优势，使她充满活力地生活。没过多久，我们就发现她天生是做销售的料，很快，她就找到了一份豪华旅游中介的工作。

当辛西娅发现生活中的积极一面，并找到自己擅长的领域，她的愤怒就渐渐消失了。关注自己的长处让她摆脱了过去，对遗憾感到悲伤让她对未来充满了希望。与遗憾妥协使她增强了自尊心，帮助她正视过去，并使她更有自信摆脱酒瘾。

遗憾造就更好的未来

如果遗憾和失望使你没能过上想要的生活，那么你应该让自己转向另一个视角，将遗憾转变为经验和即将到来的机会。你可以通过事后反思的力量来实现这一点。

在中年期，遗憾让我们明白该如何对自己做过的决定负责，以及这些决定为什么不适合现在的你，但是我们很少在刚刚做出选择时考虑它的影响。无论你生活的哪一方面受到影响，你的选择在当时可能都是适合你并使你的生活变得更美好的。你不可能预料到有一天你的需要和愿望会变得如此不同。在做决定的当下，你都选择了自己认为足够好的一面。问题在于你自己发生了改变。

事后反思让你有机会正确看待你的生活，这会使你减轻遗憾。反思会让你明白应该在什么情况下为你的行为负责，以及事情会在什么时候脱离控制。你不是生活中发生的一切事情的原因，还有其他力量——经济、他人的行为或外界环境——影响着你的生活。你完全了解这些力量和自己的行动在事件中起到的作用后，才会摆脱身为环境的无能受害者的阴影。如果你一直认为自己是受害者，你就很难相信自己在未来有能力做出正确的决定。但是，如果你能够承担自己做过的决定的结果，甚至是那些不理想的后果，那么你就给予了自己做出改变、变得更好的机会。

为了让你的遗憾完全成为过去时，你可以在事后反思当时的决定，寻找当初做决定时的依据，并思考自己在决定中得到了什么。问问自己以下两个问题。

第一，如果我做了不同的选择，我现在的情况会更好或者不同吗？例如，假如你的婚姻失败了，那么你可以这样想：要是我当初没有结婚的话，现在我就不会有孩子。与其陷在遗憾中无法自拔，不如关注自己在其中得到的东西，关注你应该得到的东西，关注你为了在未来得到想要的东西现在应该做的事。

第二，为什么我当初做了这个选择？这个问题的答案可能会使你自己感到惊讶。每一个选择都有原因。你可能会发现，选择嫁给这个人并不是因为你是一个糟糕、麻木、不懂得照顾自己的人。结婚的原因是你当时很年轻，对美好的关系有着独特的看法（迷人的伴侣、强大的伙伴或金钱上的承诺）。你选择结婚可能是为了取悦他人，比如父母。无论结果如何，都要接受和了解自己的初衷。从更大的层面来看，你会发现自己的决定并非一无是处。当初的决定只是一个转折点，是一生中必要的重大时刻，只有经历了这样的时刻，我们才能有所收获并成长。

事后反思的另一方面是反事实思维——在思考生活本应呈现出的不同状态时使用的"假如"和"要是"句式。反事实思维可以帮你分析自己的遗憾，正确利用反事实思维能让你清楚什么行为是行不通的，然后你就可以从中吸取教训，在未来做出更好的选择。通过比较现实与期望，你会制订出行动计划，并在未来收获不同的精彩。

研究人员发现，通过反事实思维，我们可以挖掘出现实中有利的一面，变得相信命运——相信事情的发生是有原因的，最终生活经历的意义也会因此提升。对中年女性来说，这意味着在对比假设和事实时，我们会变得更加平和。保持心态平和的能力是我们内心智慧、本能与认知的一部分，会在未来指引和保护我们。

我的患者杰丽曾是一位出版社主编，她为了养育孩子放弃了工作。在当时她认为这是个正确的决定，而到 51 岁时，重新回到工作岗位比她想象中困难得多。每当我们交谈的时候，她总是感叹自己的命运，埋怨自己当初放弃了工作。

我们相处的时候，杰丽进行了多次反事实思考。例如，她坚信自己已经来不及逆转命运并找到新工作了。她总是不停地说："如果我当初不放弃工作，那么我现在还会在做梦想中的工作，而不是当一个不上不下的中层管理。"

我告诉她，为了能够从遗憾中走出，我们需要分析她当初所做的决定。我让她用事后反思的方法去寻找当初行为的意义。当她近距离观察自己在出版业的缺失时，她承认在当时放弃工作是正确的选择，因为当时对她来说家庭是第一位的。与孩子相处的时光对她来说是无价的。不幸的是，她不得不接受这个决定带来的负面影响：再想回到出版业变得非常困难，因为在她离开的这段时间，出版业已经发生了翻天覆地的变化。

虽然杰丽无法回到过去改变当初的行为，但她意识到现在可以采取行动，帮助自己重新回到工作岗位上。她明白与其沉浸在绝望中，不如和过去的同事保持联系，并做一些自由职业，这样就能以更好的状态重返工作岗位。

就像杰丽所做的那样，用你在事后反思中学到的东西来问自己以下几个问题。

- 我的选择得到了怎样的结果?
- 我以为这些选择会产生怎样的结果?
- 我现在想要什么?
- 为了改变现状,我应该做什么?
- 如果我想成为另一种人,那么我应该做出什么不同的选择?

你是否意识到,自己曾经试图弄清生活中很多事的原因?当你沉浸在对过去和遗憾的反思中时,你对自己提出的问题会在很大程度上影响你向前发展的状态。专注于原因——为什么这件事会发生,为什么你会这样做,为什么事情会产生这样的结果——有时会让人感到徒劳,就像在寻找永远不可能找到的答案。"为什么"有时会使我们埋怨自己,这会让我们变得更加无用。

如果问"为什么"不能让我们找出答案或原谅自己,那么尝试把问题换成"是什么"。如果"为什么"使你毫无进展,那么专注于"是什么"可能会更有帮助,会使你更清楚现在应该做什么,而不是纠结事情为什么会变成现在这个样子。"为什么"会使问题内在化,而"是什么"会产生解决方案:我现在可以做什么?我从中学到了什么?当初发生了什么,让我做出了这个决定?

"人只有一辈子"

正如我之前提到的那样,我们倾向于因为没有选择某条道路，而不是我们已经选择了某条道路而感到遗憾。我们猜测着自己错过的机会会产生怎样精彩的结果。青少年会用"活在当下"的态度减轻这份遗憾，并会利用他们碰到的一切机会。他们在冒险时心态更加开放，因为他们不会考虑后果。大脑中负责考虑因果关系的部分位于前额叶，而青少年的这部分还没有完全发育成熟，因此他们头脑中会出现很多神奇的想法，尤其是当他们对自己说"这能行"的时候！

青少年只会意识到短期内发生，因此也并未造成严重后果的遗憾，例如伤害了朋友的感情或划破了车的保险杠。青少年有时间修复一切，他们常常在当时当地做出选择。正因如此，年轻人总说自己的生活没有遗憾。这一点从他们最爱说的一句话就可以看出："人只有一辈子。"

"人只有一辈子"是一种肯定生活的方式，而在中年期，我们应该在生活中更多地加入这种肯定。无论机会是否次次对你有利，去尝试就对了，甚至不一定要有所收获。你做一件事的原因可能仅仅是出于兴趣。哥伦比亚大学的一位研究员发现，总是让机会擦肩而过且墨守成规的人反而有更多的遗憾。在调查中，那些愿意肯定生活的人即使有时会做出无效的决定，其遗憾也较少。他们会为过去的经历感到快乐。

我的建议是，你要积极尝试生活中的可能性，同时利用中年人的智慧以及发达的前额叶谨慎地做决定。要肯定生活，但是要通过刺激却并不危险的方式。既不要太缩手缩脚，也不要无所顾忌，以免错过可能有所收获的经历。

社交网络已经完全融入青少年的生活，而你也可以加入其中。脸书、推特和照片墙让我们能够通过文字和照片分享当下的经历，看到他人的回复会为我们的生活增添别样的趣味。我认为这能够帮助我们获得更多积极的情绪，因为我们可以借此展示自我并收获好评。这的确是一种炫耀式的展示，但是我们能够借此更客观地找到更适合自己的活动，以及能让我们感受到兴奋和鼓舞的领域。

接受"人只有一辈子"的态度让我们看到了生活各方面的可能性。例如，青少年会寻找其他技巧来实现目标。他们会抓住一切兴趣，并将其转化为某种行动。我的儿子会研究如何在易趣上卖零食赚钱，做生意是他的兴趣所在，他不会因害怕失败而放弃。他看到朋友赚钱，也萌发了商业意识。他会想：我为什么不行？即使最终没有成功，至少我尝试过了。我喜欢我儿子的想法。他很有勇气，在网上做生意最终也成了他宝贵的经历。

你如果后悔没有在事业上获得更大的成就，那么你能想出什么富有创造性、可以在生活中利用的活动呢？能让你在当下活得圆满的秘诀是什么，是通过爱好开发副业吗？你有办法挖掘热情，为你的事业理想或生活增添趣味吗？

帮助你对遗憾免疫的复原力

具备情绪复原力的中年女性知道应该如何应对生活的变化，包括生活中遗憾的时刻。她们不会让遗憾影响到自己生活的目标和已经获得的成就。遇到困难时，她们会依靠内心的自信昂首向前，不会纠缠于过去或者沉溺于痛苦的往事，而是对未来充满希望。

复原力是应对人生变化、逆境和压力的好方法，使你有能力摆脱困难的境遇，重新实现自己的目标。恢复活力就是一个自我原谅的过程，能够帮你领悟通往特定目标的方法，并能让你利用这个信息进行自我提升。恢复活力不仅是一个充满力量的想法，更包含着创造力。

康考迪亚大学芝加哥分校（Concordia University Chicago）的研究者于2014年进行了一项研究，结果表明能够在逆境中保持健康的人更容易在以后的生活中应对残疾带来的消极影响。对中年女性来说，这意味着如果她们现在拥有更强的复原力，那么在未来面对困难时，她们就会更坚强。

复原力并非人们拥有的一项人格特质，而是一系列可以学会的行为、思想和举止。仔细考虑你在未来能够用到哪些真实、具体的策略，这样做可以帮助你提高复原力。你还可以回忆过去的经历，明确你需要的个人能力从何而来，这样你就能掌握应对未来困难的新方法了。这个过程就如同一次迷你质变，在此期间，你能够摆脱过去错误的选择和心态（例如纠结未解决的遗憾或沉溺于反事实思维），因此你会在改变和困难到来时更加从容地应对。

复原力的三大特质是自我效能（坚持自我）、精通技能和感恩之心。自我效能使你利用掌握的新知识或内心智慧开辟一条道路并实现自我提升。精通技能是创造力的集合，是打破常规思维，把时间花在自己擅长的事业上。感恩之心是无论如何都能对生活充满感激的能力，让你在看待自己和生活时学会用感谢来代替遗憾。

遗憾和感恩应该保持平衡。感恩让我们在无论多么糟糕的情况下都能找到其中的幸福。复原力强的人在找到幸福以后就会带着目标前进。在应对遗憾的时候，有一个增强复原力的办法，那就是问问自己，情况还能更糟吗？然后你就会发现，虽然你无法拥有一切，但有人比你拥有的更少。调查表明，这种与不如自己的人比较的方法能使我们以一种全新、感恩、公正的视角看待我们生活中的一切。这样，我们就能将失望转化为感恩。

试试下面这个练习：当你能够静下心来反思的时候，写下你感激的三件事，或是三件让你一天都心情愉悦的事。其中至少有一件事让你感激的原因是你的年龄。也许你解决了工作中一件棘手的事，而你在年轻时不可能解决得如此顺利。也许是某件事逗乐了你，而在年轻的时候，这件事却可能会让你勃然大怒。

每天都要试着做这个练习，并观察它对你产生的影响。你找到的生活中的幸福为你面对的挑战带来全新视角了吗？你对自己和生活的看法出现好转了吗？

你要将你对中年的感恩融入每天的生活中。当你发现你觉得自己老了，或者希望自己年轻一些，或者对时间的流逝和生活的变化感到遗憾，不妨停下来想想，你感激的事情中有什么是与年龄相关的？要努力成为乐观的人，同时积极思考，找出事物的乐观一面，这样才能摆脱负面思维。

像青少年一样重塑复原力

有时，你需要一点自我膨胀的心态来坚定自己的立场。

青少年常常会觉得同龄人在评判自己，因此他们就会采取一种理直气壮的对外态度来让自己更能抵抗来自同龄人的压力。我们可以利用这个技巧。举个例子，我的一位患者贾丝明已经50多岁了，一直未婚。她有过不少男友，却发现很多人对她这种单身的生活方式很有意见。有人曾对她说："我不想跟一个永远不能承担责任的人谈恋爱，你太不安定了。"

我对贾丝明说，她在谈恋爱的时候需要更强的心理弹性，而让她提升自尊的方法就是事先准备好对批评的回应，要像青少年那样做。如果男方质疑她过去的单身生活方式，我建议她这样回答："过去我没有准备好接受一段稳定的关系，而现在我准备好了。我过去很享受单身的生活，而现在我进入了不同的阶段。"

贾丝明很喜欢这样的回答，因为这话说到她心坎里去了。人到中年以后，她终于意识到自己选择单身的原因。我们都明白，我们之所以坚定地选择单身，是因为还没有准备好步入一段关系之中，可是贾丝明之前从来都不肯这样看待自己。如今她已经不再自我否定，也不再相信他人对自己的批评和偏见，而是能够做到平和地面对自己的选择。现在，她已经能够用这个新答案更为积极和准确地解释自己的过去了。

还有一个像青少年那样增强活力的方法，就是在心里树立榜样。青少年常常使用这个方法，他们崇拜各种各样的人，汲取这些榜样身上的特质，然后纳入自身的性格之中。例如，现在年轻人照相时都会像名模那样把手放在腰间；运动时，他们也会像运动员那样摆出特别的姿势。通过将榜样的特质在自己身上内化，青少年一步步成了自己想成为的人。

阿里安娜·赫芬顿（Arianna Huffington）是我最近的一个榜样。她在人到中年时干劲十足，创立了《赫芬顿邮报》，并开创了新型互联网经营模式。我之所以敬仰她，是因为她对自己的想法和事业充满热情，而且雄心勃勃。她并没有让年龄成为阻碍自己前进的绊脚石。她富有魅力，当之无愧地成了社会的楷模。每当我需要一些进步的动力时，我都会这样问我自己："如果阿里安娜遇到同样的情况，她会怎么做？"

榜样让我们的理想更加真实，让我们拥有前进的路标，这样我们就能更加接近自己想成为的人。在我们实现目标的过程中，如果我们能找到已经实现了这个目标的人，我们自己也就更容易实现这个目标。我们何必重蹈覆辙呢？不如找一个这样的偶像，你正在经历的事他曾经历过，你心中的遗憾他曾感受过，而他成功地走了过来。你不妨做做调查，看看这样的榜样是怎样克服困难的，看看自己能从他们的身上学到什么。这就相当于你从榜样的身上汲取了勇气、力量和活力，将这些能量用在自己的身上。

中年榜样

琼安·兰登

琼安·兰登是我认识的人中最具复原力的一个，她的一举一动都备受公众瞩目。她在 1980 年至 1997 年间在《早安美国》（Good Morning America）节目做主持人，还出版过 8 本书。

在事业上取得成功的同时，她的个人经历也十分丰富：她曾经患过癌症，经历过两次婚姻，有 7 个孩子（其中两对双胞胎是通过代孕生下的），同时她还照顾着 93 岁的母亲。琼安认为复原力是指导人生方向的关键。她的生活里没有遗憾，因为她已经了解放下过去的重担和从过去吸取教训的重要性，这样才能更好地拥抱未来。

琼安激励了我。她在步入中年时，期待能过得充满刺激、富有挑战和活力，而她真的做到了。我在她 64 岁的时候曾经问过她，中年生活给她带来了什么影响，她笑着说："等我到了中年再告诉你！永远不嫌迟！我觉得自己一直在前进，一直在努力进步。

"我曾经认为 50 岁是死亡的开始，而现在我认为一切才刚刚开始。我还远没到走下坡路的时候。我仍然勇往直前，不会止步。我觉得现在的自己更具智慧、更健康、更平和、更勇敢而且更有力量。我拥有了更多的自信，更愿意去尝试新鲜事物。我想未来的岁月一定充满刺激。'退休'是我永远都不打算使用的词。"

关于她所依赖的复原力，她这样对我说："当你遇到障碍，只管前进吧。我具有的勇士精神来自我受到的教育。我的母亲一直是那种能看到'一半杯子是满的'的类型。为未来的事做好计划很重要。要有乐观的心态。当我在电视行业的路上前进时，我的哲学是'到连天使都害怕去的地方去'。让你的梦想指引你的行动，并期待改变。你需要继续学习如何投入，否则你就会落后。目前我负责组织我丈夫位于缅因州的营地里的一个 250 人左右的女性健康小组。参与者的年龄从 21 岁到 81 岁不等。我们做瑜伽、打太极，而在休息期间，我被问到的一个最严肃的问题是：'我们如何彻底改变自己？'"

琼安用感谢、快乐和强大应对挑战。她告诉我她的秘密是保持积极的态度。她说："法拉·福塞特（Farrah Fawcett）20 世纪 70 年代推出爆炸性的海报时，我去采访她，问她获得巨大成功的原因是什么。她说：'这是我生活中的乐趣，我生活中的热情。'每天早晨上《早安美国》的时候，我都需要精力充沛地把每个人从睡梦中叫醒。我会冲着镜子微笑，准备好积极的心情。你的态度是可以感染其他人的。要留心你的内心感受，尤其是对自己能力的态度。"

她对正在经历重大挑战的女性的建议是，迎接到来的一切机会。这也是我十分推崇的"人只有一辈子"的生活态度。她告诉我："我像其他人一样会有压力，重要的是要从情绪和心理的角度重新激发自己的活力。你要努力工作，也要学会如何从工作中解放。如果你遇到了困难，那就试着做出改变，尝试一些新鲜的事物。有时你需要用全新的眼光去看待事物。在感到压力大的时候，我会趴在地上和孩子们玩图画游戏。去做一些能让你忘记烦恼的事情。

"我知道，在生活中获得成功的人都是实干家，他们对自己的事业有信心。我会先接受挑战，然后再去想该怎么做。我认为这种生活方式能够让我获得成功的原因是，我在潜意识中已经做好了规划，我不是在得过且过地生活。例如，每当我有半小时的空闲时间，我就会去买一些卡片和生日会的礼物，这样我就能为所有孩子的生日会做好准备。现在家里人需要寄卡片的时候，他们第一个想到的就是我。"

最成功的中年人

心理学家乔治·范伦特（George Vaillant）参与过一个历时最长的人生发展纵向研究，格兰特研究（Grant Study）。研究于1938年开始，对268名哈佛本科生进行了跟踪调查，时间长达75年。作为第三任项目主导者,范伦特希望找出人生成功的原因。他从心理学、人类学和物理学各方面对被试进行了评估,从智商到个性特征再到生殖系统。虽然这个研究是针对男性的,但我认为其中的很多结论也适用于中年女性。他将自己的全部结论总结在2012年出版的著作《经验的胜利》(*Triumphs of Experience*)中。其中有几条结论是有关遗憾的。

- 心怀遗憾的人永远不够成熟,无法在工作中获得满足,而且永远无法和同伴维持亲密关系。
- 认为自己快乐的人懂得不沉溺于自己的错误或失望,并享受自己生活中幸福的部分。
- 那些能够成功应对遗憾的人有能力通过关注自己的收获来重新梳理自己的生活。

如果你学会了如何处理自己的遗憾情绪,那么你就能提高顺利度过中年生活的可能性。而且如果你能审视自己的遗憾并提高复原力,就会发现中年可以是你昂首向前、追求你一直希望实现的梦想的时候。通过找到被压抑的愿望、相信自己的判断以及运用自己内心的智慧,你就能够形成"人只有一辈子"的心态,并得到你想得到的东西。

接下来,你要做的是放下阻碍你前进的压力和焦虑。在下一章里,你将会了解这些因素究竟是如何影响你的身心健康的,以及怎样做才能拥有平静的内心,大步地迈向明天。

第四章

不受焦虑和压力控制的中年生活

有时我会产生"迷失"的感觉,可能一周一次,也可能是每天都有。有时我发现我会没来由地深呼吸。我总是想做到最好,把自己的一切奉献给我的工作和我爱的人。我的生活常常千头万绪。同时扮演不同角色对任何人来说都不是一件易事,我承认生活的压力有时会将我击垮。我常常觉得,一天只有24小时对我来说远远不够。我的患者正在遭遇危机,我女儿的牙齿矫正器坏了,我要临时带她去看医生,文章的截稿日期眼看就要到了,我还要付账单,做晚餐,准备上电视节目。我的焦虑和预期让我内心充满压力。我常常会在凌晨醒来,然后对自己说:我的生活要崩溃了!我怎么才能把所有事情都做完呢?

我对待压力的反应十分典型。我开始因为我没有完美、得体地处理好自己的生活而自责。之后我便怠惰了,放弃了我绝不应该放弃的健身活动,并开始暴饮暴食。我之前提过的对自己失望的情况再一次出现了。

有一个亘古不变的真理,那就是压力是每一个女性,尤其是中年女性生活中不可避免的一部分。压力和焦虑会使我们误以为自己无能,而且会使我们对自己和生活的看法产生不可控制的扭曲。这些不安的情绪使一些人做出冲动的反应,而有些人会出现身体上的压力反应。

我的很多患者和朋友都表示,他们的焦虑水平在中年有所上升。这并不令人意外。研究人员发现,全世界各地人们的幸福指数都在中年期达到了低谷。中年发展研究的调查结果显示,在中年期,压力对情绪的影响比其他时候要大得多。如果你发现自己对你爱的人大吼大叫,看商业广告的时候突然流眼泪,常常对自己不能控制的事情忧心不已,不断想起过去的伤痛,或是情绪波动频繁,那么你并不是发疯了,这只不过是中年女性压力过大的正常反应。

不过你收到的也不都是坏消息。中年发展研究指出,中年女性容易焦虑,而其他研究表明我们可以变得更平和、不那么神经质,并能更好地掌控生活。事实上,这两种精神状态都是存在的,而且常常是一起出现的。到了中年期,我们更有自信认识到什么才是适合自己的,而这一点能够令我们快乐。在这个时候,内心不断发展的"消极偏见"困扰着我们,我们会更纠结于生活中不顺利的事情。事实上,我们自然而然地会把注意力放在不好的事情上,这是几十万年来让我们得以生存的心理技能。因此,即使我们有好朋友、圆满的婚姻和体面的工作,我们也会把注意力放在生活中琐碎且负面的烦恼上,也许是我们的身体、体重或孩子,也许是其他使我们感到不满意的事情。

这种对烦恼的关注是人生,尤其是中年期的正常现象。找出让你感到压力和焦虑的事情固然重要,但更重要的是,你要知道自己并非一定要承担这些情绪。你可以放下自己的压力和焦虑,去过更平衡的生活。这很容易做到。

在本章中，我们要找出藏在你压力背后的情绪，看看这些情绪是否与对自己和他人不现实的期望以及负担过重的生活方式有关。一旦发现了这些问题，你就能恢复良好的自我感觉，或是开始平静下来并感到满足。当你放下使你感到有压力的事情以后，你会发现自己更有动力投入需要完成的事业了。

中年压力的各个方面

男性在中年时感受到的压力通常和自己有关，而女性更容易感受到影响他人的压力，这意味着我们不仅仅会对自己的事情产生焦虑，而且还会担心家人、朋友、工作环境等。这会使我们的责任变得更重，无论在家庭还是工作上，中年女性都要付出更多的时间、精力和金钱。我们不仅要关心自己的身体状况、人生目标和梦想，还要照顾儿孙、伴侣和父母。全美日常经历研究（NSDE）结果表明，女性在中年期为他人提供的情感支持比其他时期都要多。在中年期，女性倾听、安慰和建议他人的频率比其他时期平均每周多出一天，而为其父母提供的情感支持是其他时期的两倍，为孩子的则是其他时期的三倍。

如果你是我眼中的女超人，那么长时间以来，你承受的负担一定比应有的多很多。事实上，我们的生活很多时候不仅与自己有关，而且这种长期负担过重的状态很容易造成习惯性的压力和焦虑。事业和家庭的负担会将我们打倒。华威大学（University of Warwick）和达特茅斯学院（Dartmouth College）于2008年进行了一次联合研究，其结果显示，人一生中的幸福指数呈现出 U 形曲线：在我们青年和老年时幸福指数最高，而中年时的幸福指数最低。

许多女性觉得自己不光要应付一切，还要把一切都处理好。中年期的完美主义会带来更大的压力。完美主义者在面对越来越多的责任时会感到什么事都没有做好，因此会产生更多的压力。这种特殊类型的压力会使人感到麻木，由于完美几乎是不可能实现的，人们就更难采取行动摆脱压力状态。同时，追求完美会使我们精疲力尽，因为我们失去了分清事物轻重缓急的能力。

完美主义和繁忙的日程安排相遇后，我们几乎没有时间和空间考虑该如何有目的性地计划自己的生活了。我们经常在考虑自己要做什么，对安排日程形成了条件反射。女性很容易变得以任务为重，所谓的重要的日程安排常常会把我们的时间占满。重要的事常常使我们倍感压力，尤其是当我们的注意力仅仅放在"我必须做"，而不是"我想做"上。当生活中充满了必须，我们会感觉自己不是为了心愿或梦想生活，因此我们会失去热情和目标，变得易怒、失望和焦虑。

假如我们是车轮的中心，那么无论是在家庭还是工作当中，考虑我们自己的愿望都会变得异常困难。女性长期感受到压力的原因是她们不再照顾自己了——懒惰、内疚或时间的流逝会使我们不再关心自己。当我们没有时间和空间考虑自己的时候，我们就会变得焦虑，或者更糟，出现抑郁的症状。

这个难题的另一方面是，有的时候女性会故意让自己处于忙碌的状态之中，这样她们就不用面对糟糕的情绪了，但这同时也让她们错过了改变的机会。女性会通过习惯性地关注就诊预约、学校活动或是以其他借口来掩盖自己的失望或愿望，这不仅仅是一种固定模式。但是逃避不会减轻长期积攒的心理压力，解决心理压力的唯一的办法是明确压力的来源，并感受压力带来的情绪。

遗憾和未竟梦想带来的压力

由于中年的年龄界限不断发生着变化，现在中年女性的挑战已经不再是面对死亡，而是尽可能地充实自己的生活。在上一章我们提过，遗憾的情绪是中年女性最普遍的长期压力之一，同时与我们期望的生活相比，充满烦恼的现实会使我们产生失望、没有安全感、不满足、被孤立或失去价值的感受。遗憾会产生无处不在的潜在压力，这种压力甚至会在我们没有意识到的情况下影响我们。遗憾是因为过去没有实现的事情而产生的，而过去的遗憾导致的压力却发生在此时此刻。

例如，我的朋友萨姆向我讲述了他正在创作的小说。"故事主角是一个中年人，他非常讨厌当下的生活，想要改变一切，放下一切，逃离一切。"我问他这个故事是不是他自己中年危机的真实写照，他坚决地否认了。也许在应对强大的中年力量时，我们更多时候是无意识的。在中年期，当生活与我们的想象存在出入，脱离了我们的控制，或者造成了压力和焦虑的时候，谁没有过这种类似的秘密情绪呢？这种与遗憾有关的、实际存在的焦虑叫"成就危机"，意思是我们所得的没有自己以为的那么多。

如果我们对自己说"当我实现目标时我会感到满足和成功",那么我们就是在书写一个故事,个人版的永远过上幸福生活的故事。这个故事常常由一系列时间点串联而成:等我到40岁的时候,我应该(以下选择其一或全部)有婚姻,有孩子,有经济保障,有热爱的工作,处于人生巅峰,有一所乡下别墅和许多假期。这些目标并非不切合实际,可是一旦我们没有实现这些目标,我们就会陷入自我抱怨中,产生焦虑和被欺骗的感觉。

社会上有一条潜规则,那就是只要我们努力工作,就会获得成功,而如果我们没有成功,就只能责备自己。在我们越来越全球化的生活方式中,攀比不仅限于邻居之间,我们也在和世界上所有的人进行着比较。然而,想获得成功,只有愿望是远远不够的。成功还有运气、缘分、天赋以及天时地利等其他因素。而我们只有在将个人梦想和自己的真正潜力结合在一起时,才可能遇到人生的转机。

《哈佛商业评论》(*Harvard Business Review*)上的一篇文章《中年变化的现实必要性》(*The Existential Necessity of Midlife Change*)指出,如果缺乏有根据的联系,这些梦想不过是虚无的幻想,只会浪费我们的精力,对改变造成阻碍,同时还会使我们产生失望情绪,增加我们的压力,因为我们会将自己和梦想中的样子进行比较,这会让我们对自己不满意或产生挫败感。伴随着挫败而来的是责备和羞愧。我将其称为"恶性期望效应"。挫败的压力背后包含着羞愧,羞愧于我们没有成为自己想象中的样子,或是像萨姆所说:"天哪,我在写作中遇到了瓶颈……也许我从一开始就错了。"这些感受带给我们压力和沮丧，因为现在我们面对的是更加困难的问题：我究竟哪里做错了？在忙得焦头烂额的时候，我该如何挽救我的生活？

有时，即使实现了目标，我们仍旧会有不满足或不快乐的感受，因为实现了目标以后，现实中并没有出现我们之前预想的样子。这种焦虑与我们的进化规律有关。人类是心怀渴望的生物，这意味着我们会不断寻找并追寻更多的东西。正因如此，永远有下一个目标等待着我们去完成。因此，实现目标不会从根本上改变我们看待自己的方式。有时，当我们获得成功以后，我们的内心感受竟然没有出现丝毫变化。我们仍然缺乏安全感，不满足于现状，感觉受到了孤立，或是觉得自己缺少价值。最终，这些基础的感受也许与环境无关，会使我们透过现象看到本质，以在某种程度上解决问题。

女性在中年能够完成的最好的一件事莫过于从野心勃勃的进化论思维转变为我所说的"革命性思维"。当你步入40岁的时候，你已经度过了敢于尝试的20岁和较为稳定的30岁。无论你的转变是发生在你的婚姻、恋情、事业、外貌还是心理上，你都在重新衡量自己的位置，比较自己与期望之间的差距。这时你的压力很大，对带有自我攻击性的评判非常脆弱，例如，为什么我没有得到自己想要的？我做错了什么？我当初的选择于人于己真的是最好的吗？

从进化的角度说，不满足的心态是我们产生压力和焦虑的原因：实现某种程度的成功后，我们就会感到无聊，对自己的成功视而不见。之后，我们就想继续前进，去完成其他的任务。这种常见的现象并不是因为我们有权力或是任性而为，只是因为我们注定要成长和改变。而对大多数人来说，改变是十分可怕的话题。

对进化的遵循产生了全新的选择，使我们发生变化，同时也带来了焦虑和压力。心理学家巴里·施瓦茨（Barry Schwartz）在其著作《选择的悖论》（*The Paradox of Choice*）中叙述了选择现象。当今女性可以选择的道路多种多样，但这种选择的能力并不总是只有益处。施瓦茨发现，拥有选择会带来焦虑、沮丧和孤独感。我们面对选择的时候，也面对着假想的损失和错过的机会。事实上，我们在做决定时会受到很多因素的影响。我们的决定常常不够理智，至少没有我们认为的那么理智。很多时候，潜意识的力量占了上风，决定在很大程度上受到社会意愿和我们个人期望的影响。所有这些影响因素都会让我们难以判断自己的决定是不是正确的，而任何决定中都存在着些许看运气的因素。

丹麦著名哲学家索伦·奥贝·克尔凯郭尔（Søren Aabye Kierkegaard）把不健康的强迫心理和焦虑、罪恶感联系在一起。他认为："焦虑必然与自由伴生，正如可能性便意味着可能。"人一旦拥有选择的自由，就会改变现状，这是非常可怕的。当我们做出选择的时候，就会出现结果不佳的可能，而我们的思维会想到所有可能出现的负面结果。当然，情况也许会全然相反。可是就算我们得到了正面的结果，由于我们的负面偏见会使我们关注进行得不顺利的部分，因此，我们还是只能注意到事情糟糕的一面。

并非所有依托于进化论的思维都是毫无意义的。你意识到自己产生了"我太老了"这个念头，就说明你受到了文化偏见的影响，会使你感觉受困其中。但是，如果你能够合理利用这种进化论思维，你就能将烦恼转化为正面行动，使你不断向前。你一旦识破中年危机的谎言，转换思维，这种转变就会发生。革命性思维让你不会对自己的缺点感到气愤，而是将这些缺点当作机会。生活如同用创造性思维解决问题的练习。以更为乐观的视角看待生活会使你想出许多富有创造力的解决方案，这样你就能得到自己想要的东西。你会认为自己拥有无限的力量和可能，因此忘记了年龄是一种限制。这不仅仅是一种解放，更是一种年轻化的兴奋。

挑战和改变存在于每个人的生活之中，我们对此已经司空见惯了。但是，我们能够通过改善自己的心理健康来重新感受到自己对生活的控制。我们学到的知识和一些细微改变能够提高你的情绪复原力和自尊心，这些都是对抗压力的关键因素。心理学家盖伊·温奇（Guy Winch）在其著作《情绪急救》（*Emotional First Aid*）中把这种状态称作"情绪保健"（emotional hygiene）。他认为我们要像维护生理健康那样维护自己的情绪健康，我对此非常赞同。本章接下来会教给你进行必要的改变时需要的方法。首先，让我们一起来看看压力在我们生活中的各种真实面目，以及对我们产生的影响。

长期低水平压力的危害

压力的形式是多种多样的。压力的影响可能是情绪、生理、认知或行为上的。有一个办法能让我们发现自己的轻微的压力、焦虑或抑郁,那就是观察周围人对自己的反应。例如,我的患者安告诉我,她的朋友有一次对她说:"你今天看起来轻松多了。"虽然这是一句赞美之语,她还是意识到自己一定处于长期压力之下,他人已经感受到了,而之前她自己毫无察觉。

长期的低水平压力包括以下几个症状。

- 外表整体表现消极
- 感到自己不堪重负、孤独或被孤立
- 无法放松下来
- 有焦虑性的习惯(咬指甲、踱步)
- 拖延或玩忽职守
- 利用酒精、香烟或毒品放松

中年女性对这些长期压力、抑郁或焦虑的症状视而不见实属常事,她们认为这些症状就是自己的一部分,而并没有意识到这些问题是很容易解决的。我见过很多这样的人,她们来找我时并不清楚自己已经处于长期压力的状态中这么久了。她们以为这种情况只是自己的性格使然,有些人甚至对其产生了依赖。我的患者南希告诉我,治疗结束以后她有些怀念自己的焦虑,没有了焦虑的自己让她很不习惯。焦虑如同她终生的朋友。

即使使用行为疗法或药物治疗了焦虑或低水平压力以后,你可能还是感觉没有好转,甚至想找回熟悉的情绪感受——哪怕你会变回更焦虑时的样子。如果你愿意,这样做也没什么。但是，如果做回"自己"会让你身边的人不舒服，那么你应该考虑一下他们的感受。你不仅要顾及自己的想法和感受，还要考虑到身边的人，他们会受到你的影响。

压力会影响你的睡眠周期，导致认知发生变化，比如出现注意力不集中的问题。同时，压力有可能造成情绪波动，让你变得易怒，甚至出现抑郁的症状。那么接下来让我们一起了解一下，长期的压力会对你的思维、情绪、身体和行为造成哪些影响。

压力如何影响你的思维

人们对衰老的刻板印象除了有思维的反应速度和准确度下降之外，与贝内迪克特·凯里（Benedict Carey）在其发表于《纽约时报》上的一篇文章中的描述类似："本文的目标读者是那些年过五十并真正学会如何活在当下的人——他们发现自己患上了老年失忆症。"

然而，中年发展研究调查的结果显示，虽然人们普遍认为心理机能会随着年龄增长而下降，但事实并非如此。在调查中，中年人的反应速度、推理能力和短期记忆水平都不比年轻人差。中年人在这些方面的表现比老年人好，而令人惊讶的是，在词汇测试方面，年轻人的表现竟然不如中年人和老年人。另外，我们的头脑还可以继续发育。头脑会一直不停地发育和生长，剔除无用的信息和习惯，再创造出新的信息。神经的形成过程和可塑性能让我们随着年龄增长创造出新的神经连接。这一点意义重大，因为连接越多，我们就更容易找回记忆并制造出新的记忆。

为什么我们对自己思维的感受与经过科学证明的事实存在差别呢？关键在于压力：有些压力激素不知道该什么时候停下来。一段时间以后，皮质醇会损害我们的精神健康，伤害甚至杀死海马体内的细胞，而海马体正是大脑中负责记忆和学习的区域。

你是不是经常忘记一个单词或完全忘记某事，然后半开玩笑地说"我希望自己没患上老年痴呆"？好消息是，大部分情况下，这不是因为老年痴呆。在压力很大时，你的大脑负担过重，受到了过度的刺激，因此你无法接纳任何新信息。

同时，压力还会带来情绪变化，你会变得易怒、暴躁或心烦意乱，记性变差。法国研究人员发现，引发这些情绪变化的是压力产生的一种酶，这种酶会攻击大脑中负责建立神经连接的细胞。这种酶一旦产生，你就会失去交际能力。

压力会使大脑中负责情绪和自我控制的灰质减少，同时会使杏仁核的体积增大，代谢加快，而杏仁核正是控制恐惧形成、威胁认知和"攻击还是逃跑"等情绪反应和动力的部分。这部分区域变得活跃，意味着稳定的反应变成了威胁感知，会阻碍你接收新信息，同时增强你的情绪反应。这种情况会发生在你焦虑期间。这也是你在压力过大时会变得健忘或迟钝的原因。最糟糕的是，担心自己的记忆力会使你感觉自己比真实状态老得多。

睡眠不足也是压力的来源之一。我发现自己在疲惫和困倦的时候思维会变慢，由于我是个夜猫子，这种情况常常发生。我常常会在晚上9点恢复精力，身体突然兴奋起来，能够轻松熬到凌晨1点半或者更晚。但是通常，我需要在早晨7点起床，因此如果我的睡眠时间不足，我在处理压力时情绪和能力都会出现问题。同时，在做早间新闻时，我说话的连贯性也会受到影响。

我常常听朋友和患者说：女性在中年期会因为记忆力减退和认知能力下降而感到压力和焦虑。为了使你的思维回到正轨，你应该平复自己的焦虑情绪，不要让自己活得像一只在笼子里不停奔跑的仓鼠。当你的情绪稳定下来以后，你会发现自己的记忆又回来了。例如，我的患者伊芙琳59岁了，她一直以自己出色的记忆力为豪。当她开始忘事的时候，她以为自己的认知能力严重下降了。我让她做了测试，结果证明她的记忆力完好无损。最终我们找出了她焦虑的真正原因并制订了解决方案。

你可以借助许多方法保持思维敏锐，并关注健康的事情，这样做能使你拥有更为良好的自我感觉。你可以通过改变生活方式来提高头脑的健康水平，比如加强锻炼或改善饮食。你为自己的头脑能做的最重要的一件事就是终生学习。获取知识需要精神的高度集中，比如学习语言能够锻炼神经可塑性的控制机能，并增强记忆力和学习能力。西班牙圣地亚哥联合大学（University of Santiago de Compostela）的研究人员发现，掌握更高级的词汇作为认知储备能够防止认知障碍的出现。有些女性可以在工作中实现终生学习，这是我的工作中我最喜欢的一点。我一直都在搞研究，总有新事物需要学习和阅读。这能让我的思维保持活跃状态，也让我有可能变得更聪明。

对学习怀有热情和创造力不仅能够改善你的思维，而且会让你感觉更加年轻。这也是艺术家和演员能够保持年轻的原因之一。他们的青春能够延长，并不是肉毒杆菌和整形手术的作用，而是因为他们拥有富有创造力的头脑。尤其是演员，他们不断地塑造着不同的人格，学习着获取新的自我和性格。这使他们能够保持年轻，充分享受生活并充满活力。

没有人比青少年更富有创造力了，因为他们总是在创造和再造着自己。他们对新鲜的想法充满兴趣，会受到周围环境的刺激，会与喜欢相同音乐的人交朋友，或是被他人的穿着影响。他们会把他人的风格化为己用，他们就像自己的艺术作品。

拥有这个品质对我们来说非常重要。当我们富有艺术性的时候，我们可以充实自我，滋养自己的灵魂。我们实现了内心深处发展和创造的渴望。当我们这样生活的时候，我们更加重视自我，并为自己和身边人的生活增添了许多美好。这种创造力的持久意义激励着我们成为想象中的自己，使我们的生活变得刺激并充满活力。

压力如何导致抑郁

压力和抑郁之间的关系十分复杂。压力和焦虑产生的负面情绪会使你变得抑郁。正如我之前提到的那样，长期的压力会损害身体的生物化学功能，身体中释放一种叫作皮质醇的激素，它通常被称作"压力激素"。同时，压力会使头脑中的多巴胺减少。当激素在体内正常工作时，多巴胺控制着重要的机体活动，例如睡眠、食欲和能量水平，这些都控制着你的情绪。然而，如果你处于长期的低水平压力之中，你就会丢掉很多健康的习惯。同时，你的应对能力也会变弱，这样你对抑郁症状的抵抗力就下降了。

中年女性似乎经常容易出现激素分泌下降导致情绪状态不稳定的现象，但事实并非如此。虽然中年期的雌性激素和黄体酮水平波动很大，但是最近的研究表明，它们并非直接与中年女性的情绪或抑郁有关。在一项研究中，研究人员比较了患有更年期抑郁症的女性和没有抑郁症的女性血液中生殖激素的含量水平，结果没有差别。这意味着无论你处于更年期的哪一个阶段，你的激素含量都不会对你的思维造成我们过去以为存在的影响。

虽然说了这么多，但抑郁并非总是不合时宜的。我们希望获得快乐，希望生活圆满顺利。但是事实上，在处理复杂的生活状况时，我们不得不面对和接受各种情绪，并做出妥善处理，包括不快乐的情绪。在很多情况下，我们产生的情绪都是适合当时状态的。然而，因为我们不愿意感受强烈的负面情绪，因此我们会尽快将它们赶走，也许是借助药物，也许是无视它们。在中年期，这样处理负面情绪对我们来说没有任何好处。我们可以利用我们的智慧从情绪中获取信息，并妥善处理它们，甚至把负面情绪转化成我们的优势。

有时，你会没来由地对生活中的一些事情感到无聊和不满，而过去你对这些事情是充满兴趣的。同时，你还会有被孤立的感觉。我们都身处不同的时间和地点，因此我们很难回答自己应该在哪里和谁与我们有关这两个问题。但实际上，你产生这样的感受是完全正常的，这种想法一点都不奇怪，更是你基因程序性表达的一部分。

但如果这些情绪影响到了你的工作效率或身体健康，那你就要重视它们了。事实上，抑郁的症状有很多。女性经常对抑郁症存在误解，以为这是一种会影响入睡的疾病，而实际上你可能在患有临床抑郁症的同时仍然作息正常。抑郁症是精神上长期的绝望感和无助感，通常伴有不愿与人交往的倾向，因此家人和朋友会注意到你对某些事物兴致不高。

以下是抑郁症的其他症状。

- 虚弱、疲惫、反应迟钝
- 难以集中精力，记忆力减退，难以做决定
- 产生罪恶感和无用感
- 对过去感兴趣的事情失去兴趣和热情
- 长时间情绪低落、焦虑、放空
- 坐立不安或敏感易怒
- 有死亡或自杀的念头，有自杀倾向

压力的表观遗传学表明，我们应对压力以及压力对我们生理状态产生的影响有多种不同的方式。正如你所看到的那样，压力有很多表现形式，而现在科学家认为它们与我们的基因有关。例如，我有几名亲属患有急性焦虑症，还有几个患有抑郁症。知道他们患病以后，我曾经担心自己有一天也会患上抑郁症。虽然我容易焦虑，有时也有些轻微抑郁，但

我的家庭环境与他们不同，生活得也比他们轻松，而这样的区别也许就决定了基因表达。我的成长环境和现在的生活环境让我拥有了更富有复原力的心态。

如果曾经在一两天中，你身上出现了之前提到的那些症状，并不能证明你一定患有临床抑郁症。但是，如果症状持续时间超过两周，或者你开始酗酒或不遵医嘱滥用药，那么这些症状表明你的情绪状态是不健康的。

不要犹豫，去找专业人士诊断一下，开始正规的治疗吧。你没有必要活在阴暗的情绪中。去看看医生吧，告诉医生："我发现自己出现了变化。"去诊断一下没有坏处，即使你没有患病，至少也证明你是关心自己的。

你去寻求帮助的时候要记住：每一种抗抑郁药针对的是不同类型的人。一种药对你的好朋友有用，不意味着对你也有用。如果你的药物对你不起作用，那么你就要去告诉你的医生调整剂量或更换处方。另外，药物需要一段时间才能起效，也许你需要等待两周才能感受到情绪好转。雌性激素疗法和抗抑郁药配合使用效果更佳，不过单独使用雌性激素疗法无法治疗大部分抑郁症。可以考虑谈话疗法，它在所有的抑郁症治疗中都是重要部分。研究表明，谈话疗法对轻度和中度抑郁症与药物有同样的效果。

压力如何影响你的生理健康

从生理学的角度看，压力反应不仅存在于你的大脑中，还会影响你的大脑和整个身体。当你处于压力状态中，位于你的肾上部的肾上腺会分泌肾上腺皮质醇。然后，大脑会分泌其他化学因子抵消皮质醇分泌，以恢复身体平衡。

事实上，适当的压力反应是生活中健康且必需的部分。在压力状态下，人体会分泌另一种化学成分——去甲肾上腺素，它是产生新记忆的过程中的必需因素，也有助于在压力状态结束后改善心情。当你处于压力的对立面的时候，问题在你看来就如同挑战，会激励你产生创造性思维。

然而，当你无法从压力状态下恢复到正面积极的状态时，你的生活质量会下降，并出现健康问题。瑞典哥德堡大学（University of Gothenburg）一项发表于《国际全科医学杂志》（*International Journal of General Medicine*）上的研究表明，处于长期压力下的女性最终会出现某种生理不适。在研究中，处于压力状态下的女性中有40%出现了身体疼痛和肌肉关节疼痛，有28%患有头痛或偏头痛，还有28%出现了肠胃不适。压力不仅会增加患痴呆症的风险，部分研究表明，压力还会增加患上中风、心脏病和高血压的风险。更不用说压力会影响你的睡眠并导致皮肤变差了。

正如广告中所说，抑郁是痛苦的。抑郁和焦虑导致的疼痛可从钝痛发展到肌肉痉挛。同时，抑郁会导致食欲增加、肥胖或体重骤降。长时间无法治愈的头痛、消化紊乱和长期疼痛都是压力、焦虑和抑郁的生理症状。

压力如何导致药物滥用

很多女性采取药物滥用或其他类型的成瘾行为来自行缓

解压力、焦虑或抑郁。这是典型的不遵医嘱自我治疗的行为。的确，每个人都希望自己有良好的感受。我们采取的任何行为的目的都是增加想拥有的感受，或减少不愿拥有的感受。出现情绪波动很正常，我们的目标是找到能够应对一切情绪的方法。很多人不适应阴暗的情绪，因为在这样不快乐的情绪下，人会很难相信自己还能快乐起来。应急的自我治疗能让你赶走这样的不适情绪。而当我们找到一种简单的疗法，它就会发展为难以打破的习惯。只要能够赶走你不想要的情绪，这种疗法的内容变得无关紧要——它也许是婚外情、暴饮暴食、疯狂购物、酗酒或过度运动。

如果你正在用这种方式对待你的压力或抑郁，那么第一件事就是要认识到这个事实。大部分人能够意识到自己出现了问题，因为每个人都有选择某种发泄途径的轻微倾向。我习惯将其称作"轻微上瘾"。我曾和一位同事聊到成瘾这个话题。我说："哦，购物大概是让我上瘾的事情。"他回答道："对我来说是酒精。"当人们在轻松的状态下谈起让自己上瘾的事情时，会告诉你他们自己在缓解情绪时会做什么。

这些东西能够让我们产生更好的感受，这本身是件好事。但问题是，这些东西正当合理吗？如果它们不会危害你的健康，影响你的心情，过度消耗你的金钱，危及你和家人朋友的关系或影响你的工作，那为什么不让自己更快乐一些呢？

但是，如果你用这种方式逃避生活和感受，那么它通常效果短暂，并十分危险。上瘾会阻碍你实现目标。任何会让你上瘾的东西，即使看上去是有益的，一旦过度，都会产生危害。你需要认真地问问自己，还有没有更好的方法能让你康水平。你对自己说的话都是有力量的。而你在对他人说话时在内心组织语言的方法也可以用在自己身上。这听起来可能过于简单，但是告诉自己"停下来"是一个良好的开端。

你使用的语言决定着你的人生方向，那么你需要采取能够激励自己的措辞和方式，帮助自己走上成功之路。我们在上一章中讨论过，重塑经历和重新开始一段生活是消除遗憾的好方法，而与焦虑和压力和平共处也是对其进行缓解的良策。如果你在工作中感到压力很大，不妨让自己充分感受这些情绪，并从一开始就考虑其他可能性。首先感谢你的大脑让你感受到了自己的情绪波动，之后换一种思维方向，思考一下不一样的、更有能力的自己。

同时，让你的大脑进行健康的活动也很重要。让大脑进行富有挑战的健康活动时，它就没有时间和精力感受焦虑或压力了。无聊的大脑会沦为压力的受害者，因为它在不停寻找让自己活跃起来的方式，这种过程是不健康的。关键在于要找到一个既具有刺激性又能令人兴奋的兴趣。例如，如果你对艺术很有热情，那么就去博物馆或在网上浏览艺术作品，这些方式都是对大脑有益的。如果你喜欢写作，那么将情绪记录下来也是应对的良策。一旦你选择把注意力集中在某件事上并投入进去，那么你的精神就有机会进入更加健康的状态，你也会产生更为良好的自我感受。

通过正念战胜焦虑

正念是当前心理学领域的一个时髦概念。它的实际意义应对这些情绪。卡尔·荣格的哲学——你越抗拒什么，它就越持久——在这里非常适用。你所逃避的正是你为了实现情绪平衡和精神健康而应该面对的。也许处理起来令人不快，但你必须学会如何像接受快乐那样忍受不快。找到破坏性较小的方法处理不快乐的情绪非常重要，比如谈话疗法、药物治疗或接受一些组织的帮助，这样你就不会有出格之举或不遵医嘱的行为了。

重视中年压力和焦虑

研究表明，女性和男性在对待压力时的反应一般不同，但在中年期反应是相同的。男性倾向于采用"攻击还是逃避"的方式，这意味着他们要么会感到愤怒，要么会转移自己的注意力。加利福尼亚大学洛杉矶分校的研究员发现，在压力状态下，女性大脑会分泌被称为"爱的激素"的后叶催产素，这种激素也会在喂养母乳时产生，能够促进联系和照顾行为，这就是为什么女性在面对压力时更能"照顾他人和表现友好"。这种发展联系的欲望也许是我们愿意保护和养育后代的原因（对应"照顾他人"），以及寻求社会联系和支持他人的原因（对应"友好"）。有趣的是，这与青少年的行为是一致的：青少年在压力大的时候愿意向朋友倾诉。因此采用这个策略是个不错的选择。

考虑一下你在生活中想要什么是个积极有效的方法，但是当你想得过多，造成了焦虑，导致压力水平与激素上升时，我必须阻止你。要通过整理你对自己说了什么来提高情绪健是更加注重当下，减少分心——训练自己集中注意力于此时此刻，不念过往，不想未来。正念要求你以更为客观的立场专注于自己的思维，不给想法或感受贴上"好"或"坏"的标签，同时接受这些想法和感受。这与在精神疗法（谈话疗法）中使用的方法非常类似。我知道，这件事说起来容易做起来难。

如果你容易分心和焦虑，或者每天只是得过且过，那么你大概不会意识到使你感到压力过大的原因是什么。但是当你更专注和清醒的时候，你就能够更加客观地审视自己和生活了。你能够注意到自己何时对焦虑和压力更脆弱，就像能意识到你什么时候要付账单、你的工作在什么时候影响到了家庭生活一样。

同时，你还可以利用正念来应对压力，并学会用技巧控制焦虑情绪。有些人会大声说"我很担心"，这就是压力体验中的焦虑情绪，但他们却没有意识到自己在通过暴饮暴食或大声叫喊来控制内心的压力。你应该学会观察自己，并找到使你焦虑或进行得不顺利的事情，这样你才能做出改变。

比如说你不是个爱早起的人。冷静地审视自己的时候，你会发现如果必须在早上完成额外的工作，你就会变得易怒和沮丧。而当你从这个客观的视角认清了自己以后，你就会更好地控制自己的情绪，更加冷静，让自己不那么容易体验到过大的压力。在压力过大或者焦虑的时候，你会很容易失去理智，变得很难看清自己。

当你发现自己不受控制，不妨列一个计划。这个计划不一定要有多细致。有时，我们会认为所有重大的改变一定是激烈或持续的，其实不然。许多压力可以因微小的改变而减轻。例如，下次你感到压力过大的时候，可以说：好，我知道自己压力过大的原因，我睡眠质量不好，导致压力增加，变得更加抑郁。那么我今晚就10点睡觉，好好休息，看心情会不会好起来。

接下来，制订一个实际的计划来应对压力。关键在于看到障碍并找到实际的解决办法。如果你知道每天打扫房间会让你发疯，那么你可以这样对自己说：我计划每周打扫一次房间，我的家人可以每周帮忙打扫一次，我也可以雇清洁工来打扫。记住，要学会寻求帮助，要学会说出"我遇到麻烦了"，然后去找朋友和家人帮忙，就像青少年会做的那样。中年期的我们已经忘记，我们并非可以一个人完成所有的事。

通过冥想改善焦虑的大脑

如果你很焦虑，那么你需要足够的时间独处，甚至在必要时减少与心爱之人的相处时间来实现独处。试着发掘困境的意义同样很有帮助。最艰难的经历常常最有价值。瑜伽、呼吸和冥想能让你学会关注自己，屏蔽外界，并创造出一个空间，让你只需要直面自己的感受，而不用对其反应或受其影响。在这个过程中，你可以与自己和平共处，并获得更平衡、更完整的感受。

《在峡谷牧场30天，收获更好的大脑》(*Canyon Ranch 30 Days to a Better Brain*)的作者理查德·卡莫纳（Richard Carmona）通过科学研究发现，持续进行冥想练习能够促进认知功能的高阶发展，包括注意力。对佛教僧侣的研究表明，具有固定形式的冥想练习能够使他们有效减轻痛感，脑部化学反应的增加能提高其幸福水平。还有一些研究表明，与从不冥想的人相比，成功的冥想者能更有效地控制自身压力水平，减少焦虑并改善心情。

冥想的种类多种多样，每一种方式都略有不同。有些类型的冥想要求精力集中，还有一些刺激人们的想象力。虽然方式有所不同，但结果都是一样的：在心境平和沉静但完全清醒的状态下达到内心深处的宁静。正如青少年沉浸在音乐中一样，你也能够在冥想中获得同样的安慰。

当你准备开始进行冥想练习的时候，首先要确定每天什么时候开始冥想，然后确定一次要进行多久。一开始不妨进行5分钟。在你的房间里找一个舒适、安静的空间。在你的冥想空间中摆放蜡烛、照片或能够给你带来刺激的艺术品。穿着舒适、不妨碍行动的服装。

每一次开始冥想的时候，设定一个目标。思考一下你为什么要冥想，你的目的是什么：是为了更加平静、更加集中注意力还是更加感恩呢？

注意你的呼吸和节奏。数你的每一次呼吸，直到自己完全平静下来。计数是冥想练习的传统方法，能够帮助你专注于当下。

感受你身体的能量。将这种能量想象成明亮的光芒，如同阳光遍布全身。让这种光芒为你带来平和，治愈你正在经历的任何情绪问题，或者为你赶走压力。铭记你的目标或愿望。

承认出现的情绪。试图客观地看待它们，以及它们带给你现在这种状态的原因。客观地看待这种经历，然后将其忘掉。

记住下面的话，在你结束冥想的时候对自己说："我的生活经历着意想不到的变化。我接受自己的样子并且相信生命的自然流动。这就是生活。"

进行 4 次深呼吸，让思绪回到当下并放松心情。

如果你能在日常生活中创造出精神空间来分散压力——每天拿出 5 分钟什么事情也不做——你的压力将大大减少。你甚至可以在办公室进行有效的冥想，可以采用莲花坐的姿势，想象自己正在山顶。关键在于不要被外界发生的事情打扰，专注于自己的内心。

一次赶走一种压力

真实的压力并不会被轻易地赶走。然而，你可以将压力按重要性排序，就像用你擅长的方式给你的任务排序一样。事实上，焦虑来自于对无法控制的事情的担忧，因此缓解焦虑的第一步通常是明确哪一种焦虑是你可以采取实际行动解决的。然后，制定一个解决方案，来缓解你的焦虑和压力的整体水平。在制订出计划并决定采取行动以后，你的焦虑会立刻缓解很多。

将所有令你感到焦虑的事情列一个清单。清单中既可以包括清洁壁橱，也可以包括进行重大的职业改变。如果你的焦虑和过去发生的事情有关，那么要将它从清单中剔除，并制定个性化的仪式将其抛诸脑后。这个仪式可以是任何形式的，目的是提醒你，这个引起你焦虑的问题已经过去了。点燃一支蜡烛，说一些象征性的誓词或祈祷，进行几次深呼吸，然后将这个仪式当成这件事已经过去的象征。

下一步是确定清单中的哪一项是你可以采取行动解决或控制的。当你不再想做到面面俱到的时候，你就能做任何事了。重新评估你的目标，并问问自己它是否实际。如果你不能处理清单上最可怕的那件事，那就处理可怕程度较轻的那件事。找出那件最可怕的事情作为诱饵以后，处理起其他事情就更容易了。

给每一件事撰写一个计划作为强调。告诉身边的人，你相信自己的计划，并让他们监督你。

你不可能一次做完所有的事，那么影响最大的事情是哪件呢？什么事情会让你在一天结束时获得成就感？确定今天重要的事情：我现在需要做什么，为了完成任务我应该做什么？然后从小处做起，最终完成任务。对很多女性来说，最有效率的时间是每天工作时间的前一两个小时，那么就利用这段时间来处理你的清单。

不要追求完美！将你的压力化为细微的、可以处理的几部分，然后在清单上做出记号，以表示你正朝着正确的方向前进。

向青少年学习：设定边界

设定边界是爱护自己的方式，你无须对任何人有求必应。我并不是建议你做个自私的人。自私不会带来良好的自我感受，也不会将你引向正确或健康的道路。然而，完全不考虑自我也不是正确的做法。你总会有自己的人格和自己的空间，你的任何人生阶段都是值得尊重的个体。

下面是两个你可以从青少年身上学到的设定边界的最好方式。

学会拒绝

在你感觉压力过大或负担过重的时候，设定边界的最好方式就是拒绝。青少年能够自然、任性地说出拒绝的话。他们的成长目标是找到自己的人格和对他们来说重要的事。用拒绝的方法从父母的照料下独立是成长过程中自然而又恰当的行为。他们的理念是"拒绝他人，意味着坚持自我"。

从发育的角度来看，中年女性更加擅长设定边界。这份智慧来自于了解自己和自己的极限、了解什么事情是有用的，更重要的是了解什么事情是没用的。到了这个时候，你会明白世界不会因为你的拒绝而停止，而其他人仍会觉得你是个好人。在青春期，拒绝是更加出于本性的行为，而在中年期，拒绝是你重新发现自我的表现。人到中年，你的观念会发生改变：这么长时间以来，我一直遵守着方方面面的规矩，但现在我要认清自己的需要和个性。你需要说"不"。

为了能够获得更多的青春能量并减少压力和焦虑，中年女性应该消除拒绝他人时产生的罪恶感。拒绝的难点在于如何做得优雅而又有力。女性有帮助和照顾他人的天性，而且我们很享受帮助他人后收获的感激。我们很难对我们爱和关心的人说出拒绝的话，我们不想让他们失望，也不想冒犯任何人。被爱的感觉比故意让他人失望更能让我们快乐。但是，一辆车在油箱空了的时候是无法前进的，我们也是如此。如果不停满足他人的需求让你感受到了巨大的压力，那么你就应该学会拒绝，并设定自我保护的边界。

关注自己

为了满足你自己的需要和愿望，拥有一个能让你释放压力的"关注自己日"非常重要。下面的方法能够帮助你以正确的理由关爱自己。这样，你能从更客观的角度重新审视自己的压力清单。

回顾一下你的压力清单。清单上是否有哪一条表明你承担了太多的责任或者为他人牺牲了自己的需求？如果有，那么从拒绝开始吧。有时候直接说"不"会带来良好的感受，但是如果你需要慢慢来，那请你往下阅读。

如果你忙得没有时间帮助他人，那么要告诉对方。你可以告诉他们你忙碌的原因，或是告诉他们你正在做什么，让他们更了解你的处境。一个简单的句子，比如"不好意思，我没法帮助你，因为我实在太忙了"就很好。如果别人向你寻求帮助的时候你正在做某件事，那么告诉对方现在你无法提供帮助，但是可以建议对方换一个时间，用一个简单的句子，比如："我正在忙，我们到××点左右再联系好吗？"

一个简单的方式是，告诉对方你对某件事很感兴趣，但是由于之前对他人的承诺或现存的利益冲突，你无法参与其中。"我真的很想帮忙，但是……"的句型就很有用。

第四章：不受焦虑和压力控制的中年生活 | 89

如果你被要求做的事情是你不想做或不适合你的，不妨推荐一个更合适的人选。你可以用这样的回答作为开始："我不是帮助你的最佳人选。你去问过××了吗？我觉得他更合适。"

这样，你就有了很多空闲的时间，可以充分享受一个"关注自己日"。事实上，拒绝没有你想象中那么难。而好处是，当你有了很多自己的时间时，就能够专注于对自己来说最重要的事情了。

中年榜样

霍达·克布

霍达·克布是我的一位榜样，她是我见过最真诚、最有活力的女性之一。她在《今日秀》节目中与凯茜·李·吉福德共同担任主持，而霍达的任务是每时每刻都表现得非常轻松。但是我们知道，生活并非如此。

我曾经问过霍达如何在中年变化期应对压力，她告诉我："你在年轻的时候还不清楚压力是什么，而人到中年以后你经历的事情就更多了。我知道如果我在会议中迟到了或是错过了一次访谈，世界末日并不会到来。我能将事情看得更透，因此会感到压力的时候也就更少了。很奇怪的是，患上癌症对我来说是一次对压力的巨大释放。经历过这样的事情以后，你能重新定义生活中最重要的事，因此我把不重要的事情统统抛诸脑后了。

"现在会让我感到压力过大的情况越来越少了，因为我处理问题的能力提高了。我过去打篮球的时候会满场跑，因为不知道应该做什么,如何正确地打比赛。后来,我学会了保存体力。中年也是一样:我能够更好地为事情排出有优先次序,而且懂得如何安排时间处理压力,同时保存精力了。

"今天,我的工作压力比以前少了,因为我热爱我的工作。设想退休后的生活,我相信我那时的生活会充满各种冒险,而不是各种担忧。我此前还结束了一段糟糕的婚姻,更加关注于自己的生活。对我来说,离开是正确的选择。

"在中年期,当你开始重新聚焦生活的时候,就会出现一条清晰的道路。你会摆脱所有伤害你和不适合你的事情,你的生活会开启一条你从来没有想象过的道路。你就好像总站在正确的一方,是在顺流而上而并非与潮流对抗。当有一天你感觉生活变得容易了,你可以对自己说:'这就是生活应有的样子。这就是我应有的生活方式。这就是我应有的感受。'每天的生活不应该像一场战斗。有时候为了达到这个状态,你需要卸下包袱。"

霍达对自己的认知非常符合现实。她认为压力是生活的一部分,我们处理压力和看待世界的方式才是真正能够改变压力对我们影响的关键,我也是这样认为的。她告诉我:"你可以走出去,感受世界的重量压在你的肩膀之上,也可以改变这种情况。我可以在每天早晨醒来的时候说'天哪',然后在一天刚开始时就列出10件不顺利的事。我可以在走出家门之前就开始感受到压力,并对自己说:'我有太多的事情要做,永远也做不完。'但在绝大多数时候,我选择不这样做。

"与此相反的是,我更愿意按照重要性给事情排序,并将我无法控制的事情从清单上划掉。你担心的事情中有90%是不会发生的,而实际上发生的事情是你从来没有想过的,因此你也不会做出任何准备。

"每天我都会做一些事情来减轻负担。我经常锻炼,我锻炼量不大,但每一次都有作用。每天早晨我会写一份感恩清单,写下 3 件令我感激的小事。然后我会写下一件大事,在过去 24 个小时里的一段精彩的经历。我寻找的是精彩的经历,而不是糟糕的。我寻找能使我感到开心的小事。在节目中,我们曾经采访过一群可爱的女孩,她们患有疾病,但是每天都会写一份感恩清单。我非常喜欢她们!我开始思考她们身上的光芒来自何处。我在早晨这样做,是因为这份清单能够帮助我以更乐观的方式看待世界。我的意思是,以乐观的心态开始新的一天。"

当我问霍达生活中压力最大的事情是什么时,她告诉我她经常担心家人或自己的身体。"一旦我的兄弟姐妹和母亲出现了问题,我总觉得我有责任帮助他们。我就像是家里的调解人。同时我还担心自己的身体健康。由于癌症,每当我体重突然下降或感到身体不适的时候,我都会说:'我希望我别再生病了,我希望这不是癌症。'我不会经常这样想,但偶尔无法控制。虽然我的癌症已经痊愈 7 年,但这个想法还会不时出现在我的脑海中。"

我问她要给其他中年女性什么缓解焦虑的建议,她说,专注于当下。她告诉我:"我认为我们对待每一天的态度就是我们对待人生的态度。人们认为做出改变太难了,但我们可以从每一天开始。我很喜欢'活在当下'这个词,并努力这样生活,不过我很难一直做到这点。我希望考虑的是此时此刻。我们生活在当时当地,因此心也要活在当时当地。如果你能做到这一点,许多问题就迎刃而解了。

"当我感觉压力过大、害怕或者沮丧的时候,还有一个办法很有用,那就是提醒自己,有人拥有的东西比我少或问题比我严重,却比我更快乐。你跳出自己的小天地并将注意力转移后,就不那么易怒和焦虑了,压力也会减少很多。世界并不是只围着你一个人转。

"我会依赖我的朋友,同时也知道他们依赖着我。对那些和我亲近的人来说，我可以在凌晨 2 点接听他们的电话，反之亦然。我很擅长结识好朋友，我寻找到的都是内心充满光明、无私且谦虚的人。我身边的人都比我优秀得多。当我这个通常平和的人偶尔感到压力很大的时候，我能够在快速拨号的名单中找到可以在凌晨 2 点打电话倾诉的对象。知道有人能够帮助我、照顾我，这给了我很大的安慰。"

更好地处理压力

人到中年以后，你处理压力的能力提升了。也许你的进步不是懂得如何减轻压力，而是知道如何更好地处理压力。为了用健康的方式缓解压力，你首先要认清那些会使你产生多余自我判断和反应的谎言与假设。了解它们的欺骗性会给你带来巨大的解脱，因为它们在你的道路上设置了很大的障碍。正确的做法是认清你的目标并脚踏实地地实现它们。例如，如果你希望拥有一段成功的恋情，以身边人的经历为参照要比寄希望于拥有电视剧中的恋情好得多。如果你认识一对情侣，他们的相处方式你很喜欢，那么你可以将其应用到你自己的生活当中。

其次，要学会质疑对已经渗透到你思想中的文化刻板印象和错误的社会期待。例如，就算你获得了梦想中的工作、情人或住房，一旦它们变成了现实，你还是会同时产生正面或负面情绪。这很正常，也符合期待。你无须因为没有一直像自己想象中那样生活而感到沮丧。这并不意味着你失败了，你只不过是在体验生活罢了。

努力在你做过的所有成功的事情中寻找积极的因素。就算事情没有按照你想象中发展又怎样呢？在改写自己的故事以后，你就能感受到不一样的自己，并让自己选择一条不一样的道路。

一旦你妥善处理了自己的压力，控制住了自己的焦虑情绪，你就会变得更具有反省意识，并能获得中年女性应该享有的真诚评价。密歇根大学（University of Michigan）和康奈尔大学（Cornell University）的研究人员认为，到四五十岁时，人们已经学会了该如何为自己的行为及后果承担更多的责任。他们更懂得反思和自省，而且愿意改变自我。他们更懂得该放下过去。你能用自己的智慧缓解压力和焦虑，这正是中年成为你最好的年华的另一个原因。

我的患者玛吉在中年期经历过一段压力巨大的时光，而她从中学到了很多东西。她在40岁时找到我，承认自己虽然是一名忙碌的会计、妻子以及三个孩子的母亲，可总觉得自己不像个成年人。她的生活中充满了成功的标志，但她的自我感觉并不良好，而且觉得自己没有做母亲的能力。

玛吉的生活在母亲和其他年长亲属突然去世时遇到了转折点。在纽约生活的经济负担压在她身上，但她并不想去生活成本较低的地方，何况她也不知道该去哪儿。同时，她也不知道应该把最大的孩子送到哪里上学，因为这个孩子身体残疾。她的产假要结束了，因此她必须决定是否还要回去上班。她喜欢当全职妈妈，而且并不是很喜欢她的工作。但是，经济负担给了她巨大的压力,想继续养家非常困难。同时,她还因为在母亲突然去世前没有足够的时间陪伴母亲而感到内疚,而现在她又开始担心父亲在这种突然打击之下能否挺过来。

玛吉一直不擅长做决定,即使在最佳状态中也是如此。她天生是个有强迫症的完美主义者,这使得每一个决定对她来说都更有压力、更加痛苦、负担更重。更糟糕的是,每次和朋友做比较的时候,她都觉得自己是个失败者。她一直处于压力状态中。她身边每一个人的家庭问题似乎都比她少。他们经济方面都更有保障,这使她对自己的状况更加烦恼和忧虑。

我提醒玛吉,她似乎在过去混乱的几个月中忘记了一个事实。我告诉她,她的性格是多么活泼,虽然她总是很难做出选择,但是从长远来看,她所做的人生选择都非常正确。同时我还提醒她,她的研究工作做得多么细致,我还强调说,我知道她会尽其所能获得所需的正确信息,以明智、合理的方式生活下去。

玛吉听完我说的话以后,我注意到她的举止中的压力情绪开始缓解。通过关注自己的强项,她意识到,她可以相信自己能做出有益于自己和家人的决定。这激发了她内心的智慧和自信。我们决定把她所有需要做的决定列为一个时间轴。我们一起讨论她在当下立刻要做的决定,而其他的长远决定则留给她慢慢思考。虽然她不可能把中年遇到的全部压力一笔勾销,但她已经知道该如何处理了,可以用她擅长的方式一次只处理一件事。在这种健康的状态下,她就能够以更加自信和强大的心态来处理压力了。

和玛吉一样，你也有需要处理的事情。问自己以下几个问题，看看自己能否应对中年压力。

- 我在生活中遇到的压力最大的事情是什么？它们是如何影响我的？
- 我是如何度过那些困难时期的？
- 我从这些经历中学到了什么？
- 我能否处理好自己能够控制和不能控制的事情？
- 克服生活中困难时期的关键是什么？

回忆一下你是如何度过压力巨大的时光的。你现在也具备相同的能力吗？你现在的能力是不是更强了？在过去的经历中有什么技巧是你可以用于当下并使你不断前进的？当你分析答案的时候，你就会意识到你已经比自己想象的更具有复原力了。

第五章

**健康生活
每一天**

幸运的是，我从来没有过多担心自己的身体健康。我确实怀念二三十岁的新陈代谢，但是除了有时有些疼痛之外，我并没有什么身体健康问题需要担心。可是后来我意识到，我肩膀的问题已经不容小觑。我知道我必须采取措施了，因此我找到了专家，希望能够听到肌肉拉伤的诊断。我万万没想到的是，医生的回答是无法治愈。

而X光片又带来了一些新的消息：我的颈部患有关节炎。我的第一反应是惊呆了。我无法相信自己听到的诊断，关节炎不是老年人才得的病吗？这个诊断和我自己的感受相去甚远，我坐了下来，几乎在医生的办公室晕过去。我强大的自信瞬间瓦解。我认为肯定是医生弄错了，重新冷静下来，立刻离开了他的办公室。

我于当天晚些时候咨询了我的家庭医生，我对他非常信任。他告诉我之前那位医生的诊断应该是正确的，颈部关节炎很常见。他说："罗比，每个人都有！"你看，这就是为什么我喜欢我的家庭医生！他让我觉得好多了，并向我建议了一些简单的解决办法，包括物理治疗法。当我知道我的病很常见并有治疗方法的时候，我感觉好多了。

这个医疗插曲引起了我的注意：我在头脑中一直认为自

己年轻又强壮，丝毫没有在意时间的流逝。这件事会使我不再感到身体健康、状态良好和表现完美吗？当然不会！但这当然是一次中年提醒！这件事告诉我做好预防是多么重要，同时也是多么简单，因此我能够充分利用未来的时光。

我常常和朋友们坐在一起讨论与分享生活的经历，尤其是有关我们健康的问题。最近我们常常提到更年期的话题。我的朋友中有些人已经经历过更年期，有些人正在经历，还有些人没到年纪，聆听着她们即将面对的情况。在其他时候，我们的话题围绕着轻微的身体损伤展开，这些损伤暂时或长久地影响着我们的健身计划和养生方案。但有些事情我们非常清楚：我们直观且客观地了解到，自己的身体正在不断发生变化，我们对保持和改善身体健康有了新的认识，我们对保持身体健康和年轻的生活方式具有强烈的愿望。

根据中年发展研究，在中年期，女性遇到的健康问题多于男性。然而，女性更善于照顾自己。数据表明，随着年龄增长，我们会自然地更加关注自己的身体，这也是中年女性整体看上去状态不错的原因之一。我们比过去更健康了。

正如青少年会在空白的画布上描绘自己的目标和理想、展望未来生活一样，我们在中年时也可以采用同样的办法。今天，健康的女性也能够继续为自己的生活展望一个光明的未来。我们的寿命比过去任何时候都要长，我们能够充满活力地生活并实现自己的目标，不仅仅是在未来20年里，甚至可能在未来50年里。我们应该怀有和青少年一样的、无限大的能量，因为我们还有很多时间。我们可以随着年龄增长变得更好，而这需要我们拥有健康的身体。如果我们好好照顾自己，并充分利用最先进的医学技术，我们就能够重新树立对未来的期望，并更加充满希望。

这并不意味着我们不会变老或生病。尽管我们无法意识到许多小的变化，我们的身体从出生开始就在一点点地变老。然而我们不能等到出现健康问题后再开始好好照顾自己。有了正确的指导，我们就可以做出微小但重要和有效的改变，来逆转时间之手。这样，我们就能在现在和未来获得身心上的年轻状态。而这一切实现之后，我们的整体心态和外表都会大有改观。

医学进步放缓时间

我们在对抗衰老的过程中，最强大的盟友就是现代医学。科学在某种程度上延缓了衰老过程，我们意识不到自己的衰老，直到一些意想不到的事情发生，例如，发现了自己的第一根白发，或是当医生告诉你应该进行第一次乳腺检查了。医学进步使我们的寿命增加了10年到20年，因此中年女性可以享受许多年高质量的生活。癌症早期诊断使得存活率和整体预防效果大大提高。器官移植和再生以及干细胞疗法变得越来越常见。同时，通过科学技术，我们也找到了和年轻人一样的状态。有了肉毒杆菌，我们看上去更年轻。更加健康有效的避孕措施让女性更加享受自己的性生活。从药理学的角度看，抗抑郁药能够改善情绪，这样我们就能以更加健康的心态面对未来。

这些因素无疑将进一步改变未来女性的中年生活，但是现在，我们已经能够收获一些成果了。医生能够从更加全面的角度进行体检。一些新方法，例如激素治疗和保健品，不仅能够延长寿命，更能让我们在人生的黄金阶段活得更加年轻和健康。

最令我感到振奋的医学进步是端粒的发现。端粒指的是染色体末端的保护结构。想象一下鞋带末端的塑料管，端粒则与其类似。事实上，端粒的作用也与塑料管类似：保护染色体末端，并在细胞分裂期间防止基因信息损失。每一次细胞分裂都会使端粒变短。端粒更长意味着寿命更长，而端粒更短则更易引发心脏病和痴呆。至少一家制药公司正在研发能够增加端粒长度的药物，这也许会成为我们保持健康、预防疾病的实际方法。让我们继续关注吧。

同时，医学也变得更具有科学性，而不只是根据观察进行推测；变得更有前瞻性，而不只是在发病后做出反应。人类基因组研究人员 J. 克莱格·文特尔（J. Craig Venter）认为，在未来的 2 年至 5 年内，科学将能够根据个人基因信息和血型提供特定的治疗方案。很多专家认为这将成为未来的医疗形式。这种治疗方案将是完全个性化的，是根据从基因序列和遗传信息中提取的特定信息制定的。这项技术将会带来一场革命，能够使我们在生命中的每一个阶段都活得更长，也更健康。对中年期来说，这项技术意味着我们担心的事情又少了一件。

中年生育奇迹

在所有的医学进步中，对女性生活改变最大的一项是生育能力的提高。女性在30岁或40岁生育已经司空见惯了，而科学又将生育期再一次延长，覆盖了整个中年期。晚育的理由多种多样：享受工作状态，承担职业责任，没有遇到合适的另一半，患有疾病或遭遇了人生变故。

人工授精和低温贮藏技术（冷冻卵子）通常是有生育意愿的女性并不可靠的选择，但是在这些领域的科技进步将女性的生理进程延长了数十年。有记载以来最高龄的产妇是一位印度女性奥姆克里·潘瓦尔（Omkari Panwar），她在70岁时生下一对双胞胎。而医学将会为女性的生育提供越来越多的可能。

在43岁生下女儿后，凯西的生活发生了翻天覆地的变化。她来自传统的天主教家庭，有三个兄弟姐妹。她在成长过程中一直是一个漂亮、聪明又受欢迎的女孩，还担任过拉拉队长。她曾经设想自己会结婚并生下许多孩子，继续她传统的家庭生活。

高中毕业之后，她找了一份工作，并十分享受在以男性为主导的职场里做一名单身女孩。她意识到自己应该稳定下来、结婚生子的时候，已经年近四十了。她在39岁时，与一位谈了一年恋爱的男性订婚。她的丈夫并不完美，但她认为自己可以帮助他改变，至少可以维系婚姻。另外，她也真的希望能开始一段家庭生活。

经过第一次流产后，凯西和丈夫决定进行人工授精。过程非常不顺利，这给他们的婚姻带来了很大压力。两年后，这对夫妇决定离婚，但是凯西仍然非常想要孩子，这也是她当时来找我的原因。当时她已经43岁了，而我告诉她，她的梦想在科学的帮助下仍有可能实现。我建议她继续寻找怀孕的办法，并建立一个她理想中的家庭。

大约一年后，她疯狂地爱上了一位同事，这位同事刚刚离婚，并育有两个已成年的子女。他虽然也爱凯西，但是真的不想再结婚并组建家庭了。不过，他同意捐献精子并尝试冷冻胚胎。这段感情存在很严重的问题，而当凯西再次流产后，他们的感情也宣告结束。我再一次告诉她，不要放弃梦想。

她决定做个单身母亲，并获得了家人的完全支持。在我的建议下，她咨询了医生。医生建议她寻找一位卵子捐赠人和一位精子捐赠人，这样也许更好。她经过调查后找到了一位来自新泽西的卵子捐赠者，并在43岁时开始怀孕。9个月后，她生下了女儿玛丽。

凯西一直想成为一名传统的全职母亲，但生活并没有如她希望中那样发展。然而，即使到了7年以后的今天，她仍然为生下玛丽而感到自豪。事实上，她仍对恋爱怀有非常积极的心态，并且清楚地知道自己应该寻找什么类型的男人。她希望对方喜欢孩子，而且能在恋爱中表现成熟一些。她激动地告诉我，她在一个单身父母相亲网站SingleParentMeet.com上注册了账号。她仍然强烈希望能够拥有婚姻和更多的孩子，而她乐观又充满希望的态度得到了回报。仅仅在我们那次谈话的4个月后，她与一位旧识取得了联系，一个在各方面对她来说都非常完美的人。他们曾是高中同学，当时两人虽然有共同的朋友，但关系并不亲近。凯西偶然间发现他的头像出现在自己的脸书主页上，于是加为好友并开始联系，后来他们开始约会，并很快将恋情发展到了更为正式的程度。

第五章：健康生活每一天 | 103

他的三个孩子和凯西的女儿立刻相处得像一个快乐的大家庭。我非常喜欢这个幸福的结局！

既需要重视也需要放松的更年期

谈论中年女性，就不可能不提到更年期。这个生理变化通常被视为一个明确的界限：在此之前，你能够生育，年轻、充满活力又迷人；而在此之后，社会给你贴上了"没有魅力"和"迟钝"的标签。每位女性的更年期经历都有所不同。对一些女性来说，更年期是变化和成长的催化剂。而对另一些女性来说，更年期几乎不值一提。还有一些女性认为，更年期是一段痛苦的经历。

有趣的是，你进入更年期的时间——也就是所谓的围绝经期越长，你对更年期的感觉就会越好。现在回想一下，更年期也许没有你记忆中那么糟糕。如果你刚刚进入更年期，那么更年期也不会像你想象的那么可怕。

在我看来，许多与更年期有关的著作在某种程度上都把更年期当作女性想要留住中年时光的借口。但是，处于更年期并不意味着你已经衰老，失去了黄金岁月，失去了选择，或是需要结束性生活。事实上，你无须理会"更年期必然意味着衰退"这种社会观点。一直以来，更年期都被描述为子宫失去功能和情绪产生波动的原因。而你面对的挑战是如何推翻这个刻板印象。更年期也许会带来不适，但是与此同时，它也会带来新的感受。你需要用不同的方式来照顾自己的身体，或是在过去的办法不管用的时候尝试新的养生策略。

更年期的确充满挑战，不过可以学一学青少年的论调（有时候是对你说的）："请不要告诉我应该怎么想或怎么过我的生活。"你可以用最佳的方式度过这段时期。也许更年期不像你认为的那样困难。你会发现你过去学到的某些东西是错误的，例如，如果你认为更年期的症状会影响女性的健康，那么这一点并不是事实。围绝经期——绝经前的几年——才是罪魁祸首。围绝经期是大部分女性抱怨更年期时首先想到的对象，也是绝大部分症状出现的时候。当你没有月经的时间持续整整一年，你才真正进入了更年期，这时症状才开始出现。围绝经期会在你最后一次月经的十年前开始，它的到来意味着更年期离你越来越近了。

围绝经期的症状很难应对，尤其是当你产生忧郁情绪的时候。然而，如果你的身体保持协调，你会注意到自己的身体和精神上会出现或大或小的改变。有些改变是生理上的，还有些改变是行为上的。症状各式各样，而"正常"的范围也十分宽泛。有些女性在围绝经期身体没有明显症状，而有些女性在此期间非常痛苦。

绝经与饮食和运动毫无关系，只是一种正常的生理现象。绝经是必然会发生的。如果你的身体已经出现了如下症状，即使你每月的月经还很正常，那么也说明绝经就快到来了。

- 关节疼痛
- 背痛
- 膀胱感染
- 乳房疼痛

- 冒冷汗
- 便秘
- 腹泻
- 眩晕
- 眼睛干涩
- 口鼻干燥
- 皮肤干燥
- 面部毛发旺盛
- 易疲劳
- 嘴和眼睛周围出现细纹
- 头痛
- 潮热
- 腹内气体增加
- 易患囊肿
- 不孕
- 失眠
- 食欲不振
- 夜间盗汗
- 经常咳嗽
- 心跳急促
- 呼吸急促
- 皮疹或皮肤感染
- 喉咙痛
- 浮肿
- 头发稀少或脱发

- 手脚酸麻
- 小便失禁、便后不适或失调
- 阴道分泌物增多、干涩或麻痹
- 乏力
- 体重增加

你所经历的精神和情绪变化，包括压力和焦虑的增加，也许和更年期毫无关系。我们这样认为的原因是，每位女性的中年经历都各不相同。身体的症状会影响你的精神健康，造成你压力过大的原因不仅有睡眠质量差，也有可能是体重增加、性生活不和谐等。

对待围绝经期和更年期不应该太过草率。这两段时期会直接影响你的感受和自我感觉。然而，它们并不意味着你生命的某一时段走向"终止"。你在中年期经历过许多不同的人生发展阶段，因此这些生理症状真的不会影响你。我们有必要了解它们，但是并不意味着它们要主宰我们的生活。有许多办法能帮你应对这些生理症状。如果你正在经历某种症状，不妨去参考一下最新的研究数据，然后咨询医生，共同制订出一份计划。其中可以包括采用常规药物、激素疗法、非处方药或是改变生活方式。

让我们谈谈性

中年女性没有必要将美好的性生活看得遥不可及，认为那只是留在过去的美好回忆。她们渴望热情，更重要的是她们认为自己值得拥有充满激情的性生活。现代的中年人并不认为生育年代告终就意味着性生活的结束。

虽然衰老通常被与性欲减退联系在一起，但是我发现许多女性在年龄增长以后，性高潮也更为频繁和强烈。更年期之后，她们发现自己能够以更加自由和满意的状态享受性生活，因为她们知道自己喜欢什么，并在表达自己的需求以获得性满足时更为自信。

然而事实上，更年期发生的生理变化，例如阴道干涩，会使性生活变得更加痛苦。雌性激素水平下降会导致阴道干涩和不适。甚至使用无害的抗组胺药物也会导致问题，因为这种药物会因为要防止流鼻涕而导致阴道干涩。其他处方药的副作用，例如抗抑郁和抗焦虑药也会造成疲劳、性欲减退、难以兴奋和达到高潮等问题。

好消息是，这些问题可以得到轻易解决，使性生活变得和更年期之前一样完美。去和医生讨论一下如何解决出现的问题，通过健康饮食、定期锻炼、规律睡眠和控制压力来改善自我感觉，这些方式能够为你中年期的性生活带来巨大的积极影响。华盛顿大学（University of Washington）的社会学教授佩珀·施瓦茨（Pepper Schwartz）博士告诉我，虽然在中年期性生活出现问题很正常，但是有许多办法能够让我们找回完美的性体验。你可以采用非处方润滑剂（要寻找不含石油成分的润滑剂，因为石油会损害避孕套中的胶乳）。有时减少药物剂量或服用其他种类的药物可以减轻副作用。你的医生会建议你使用阴道雌激素来缓解干涩。

中年期的其他个人因素也会影响性欲。抑郁、压力和焦虑会对你的性生活造成严重破坏，尤其当你对自己的身体感到不满或对自己的表现感到焦虑时。

- 自我认知：体重、外貌或体型的变化会影响我们的心情和自我意识，会让你感觉自己不再具有魅力，或缺乏性欲。
- 性欲：你的情感状态会影响你渴望性接触的程度，尤其是当你处于围绝经期或更年期的时候。
- 性反应：女性有时会抱怨兴奋时间变慢，并在有些时候难以达到性高潮。

事实上，中年可以成为你滋养和改善性生活的最佳时期，因为中年是你重新评估生活的阶段。这使中年成了以最有成就感的方法探索和重新唤醒性认同的最佳时期。改变前戏的方式和探索能够增强性欲的药物会使你的性生活更加精彩。

与你的伴侣讨论性需求并共同做出改变，能够让你们的关系上升到更加亲密的程度。现在正是你一个人或与伴侣一起感受快乐的好时候。

永远都要照顾好自己

许多女性在中年时看起来非常年轻，这让我感到惊讶不已。现在的女性在40、50甚至60岁时看上去比过去同年龄段的女性年轻很多。其中的部分功劳当属健康的饮食和健身，两者能够使我们的外表更加年轻。

健康的生活方式能够保护你的身体健康系统，使你在变老的过程中仍然保持最佳的健康状态。在中年期，保持和提升身体健康至关重要，因为你在为自己以后的生活奠定基础。虽然我们每个人都有可能比自己的父母和祖父母的寿命更长（由于医学的进步），但是我们如何度过这些多出来的时间，完全要看现在我们是如何照顾自己的。

本章接下来要讨论的生活方式的变化并不是什么新鲜事，但这些生活方式的作用让人激动不已。养生专家迪安·奥尼什（Dean Ornish）博士认为，越来越多的科学研究表明，改变生活方式不仅具有预防疾病的作用，对一些慢性疾病也具有实际的治疗作用，而且既可以与药物配合，也可以单独采用。在预防医学研究所（Preventive Medicine Research Institute）进行的随机对照研究中，奥尼什的团队发现，改变生活方式能够控制重症冠心病、2型糖尿病和部分癌症的发展。还有什么能够让你更有动力接受不挑食的饮食习惯、第四章中提到的压力控制方法、适当锻炼以及优质睡眠的生活方式呢？那就是性感的中年代表、美国演员卡梅隆·迪亚兹（Cameron Diaz）最近在《时尚》（*Vogue*）杂志上说："变老是一种福气，并不是每个人都能够拥有这份福气。变老并非理所应当的，而是幸运者的特权。"我非常同意她的话！

虽然中年女性能够通过保健医疗轻易获得健康，但是动感单车健身俱乐部SoulCycle的教练斯泰茜·格里菲斯建议她的固定学员们，不要过于担心自己的体形，而是要更加关注自己是否健康、有力量和肌肉的结实度如何。关注健康而不是腰围会让你减轻压力，这样你才能真正享受健身的过程，而不是时刻担心自己不够"完美"。当她的中年学员向她抱怨自己的紧身牛仔裤再也穿不进去的时候，她只是建议她们买大一号的裤子。就算你再也穿不进去紧身牛仔裤了又能怎样呢？要关注自己是否开心和健康，并学会喜欢自己现在的样子。

能够让你更年轻的饮食

饮食和营养对中年女性具有深远的影响。中年女性抱怨最多的两件事就是体重增长（尤其是腹部）和体能下降。而这两者都与饮食有关，通过改善饮食，我们就能解决这两个问题。

即使你在二三十岁的时候曾经把体重控制得很好，到了中年期也还会发现自己的体重在缓慢增长——每年增长几斤——而且是在生活习惯没有发生什么变化的情况下。体重增长令人感到沮丧和恐慌。而你并非唯一遇到这个问题的人：中年发展研究清楚地表明，随着年龄的增长，中年女性的腰臀围比值以及体重超重人群的比例都有所上升。

然而，中年期的体重增长并非无法改变的事实。新陈代谢的变化的确会使体重增长，但这也是可以解决的。女性过了 30 岁之后，新陈代谢的速度每 10 年会减少 10%。转化成卡路里，就意味着我们必须每天少吃约 100 大卡[①]的食物，并每 10 年为一递减周期，这样才能在运动量不改变的情况下保持现有体重。也就是说，你在二三十岁时每天摄入 1800 至 2000 大卡的热量，40 岁时应减少到 1700 至 1900 大卡，而

---

① 1 大卡约为 4.18 千焦。——编者注

到了50岁时则应减到1600至1800大卡。

营养学家克里·格拉斯曼（Keri Glassman）认为，学会聆听自己的身体发出的信息非常重要。很多人会在自己出现饥饿感的时候胡吃海塞，或是不知节制地将眼前的食物吃得一干二净，丝毫不管自己已经吃饱了。当我们对饮食更加注意的时候，就会更容易做到少吃一些。

格拉斯曼认为，体重增加也是我们预料之中的事。你也许认为中年期的体重增加是不可避免的，因此更加不注意自己的饮食，也不关心自己的体重了。而事实上，科学表明，不必要的体重增加会导致心脏病、高胆固醇、2型糖尿病、高血压、中风、胆囊疾病、睡眠呼吸暂停、乳腺癌、结肠癌、关节炎、脂肪肝以及这些疾病会引起的各种各样的症状。更糟糕的是，如果你正为体重担忧，那么就无意中恶化了现有情况。焦虑本身也会造成体重增加。你在压力过大时体内释放的皮质醇不仅会使你腹部囤积脂肪，而且会使你体内脂肪的新陈代谢变得更加困难。

为了享受中老年的时光，我们的确应该重视自己的体重。首先，我们应该接受自己现在的样子，并制订计划，做出微小、渐进的改变。我们无须拥有超模的身材，但与此同时，我们也不应该让自己不再完美。避免体重增长有着巨大的积极意义。对许多女性来说，避免体重增长和减掉多余的体重需要花费同样大的力气，但这是值得的。

我们步入中年后，针对什么样的状态"看上去很棒"，以及为了实现这一点愿意付出多少努力，我们的目标发生了变化。对很多女性来说，体重增加5公斤——衣服大一码——并不会出现翻天覆地的变化。而其他人认为，中年时她们终于有时间管理自己的体重了。我的姐姐拉米之前从没遇到过体重问题，而且在人到中年时更成了人生赢家，看上去不能更好了，肌肉也特别紧实。而她这样健康又苗条的体形归功于她的社交活动。她的朋友们都热爱健身，事实上，她们就是通过健身发展起友谊的。在拉米这个小团队中，年轻、健康和魅力成了她们神奇的咒语。这份力量不仅使她更加健康，而且也使她获得了灵感：拉米在中年时成立了自己的同名服装公司。她为希望看上去魅力四射的女性设计性感的服装——无论她们是十几岁、二十几岁、三十几岁、四十几岁、五十几岁还是更年长。

就算不考虑减肥这个动力，所有女性在步入中年时都应该调整饮食以保持健康。美国卫生总署前总监及《在峡谷牧场30天，收获更好的大脑》的作者理查德·卡莫纳表示，专家认为，对心脏、消化系统和大脑健康有益的饮食正是中年人需要。临床研究表明，高蛋白、低碳水化合物以及含有健康脂肪的饮食是最好的药方。这些食物中含有重要的维生素、矿物质和抗氧化物，这些都是能够改善健康的物质，而且能够产生长时间的饱腹感，使你不容易感到饥饿。同时，这些物质能够使大脑产生有益的化学因子，能够增强你的幸福感，并使你保持精力充沛。富含纤维和水分的食物，例如蔬菜和水果，被称作"低热量密度食物"：你可以吃很多这类食物并产生饱腹感，因为它们会占据你胃部的空间，却提供很少的热量。医生将这种饮食方式称作"低热量密度饮食"。也就是说，你可以吃得更多，却仍然能够减轻体重，因为这种饮食中的营养与热量之比是所有饮食中最高的。

对中年女性格外重要的食物和营养

这些食物能为你提供更多的能量,让你拥有更年轻的容貌和更健康的心态。以下营养成分和食物是你每天必需的。

- 钙和维生素 D 有助于维持和提高骨骼健康。富含钙和维生素 D 的食物有乳制品(包括低脂乳制品)、沙丁鱼、杏仁、巴西坚果、菠菜和羽衣甘蓝。
- 色彩绚烂的水果和蔬菜富含营养素、抗氧化物和水分。每天最好吃够五种水果和蔬菜。有个简单的办法可以让你多吃水果和蔬菜,那就是每一样都比你现在多吃一个,每天递增,直到数量达到目标。
- 瘦肉蛋白是组成肌肉的关键成分,但会随着年龄减少。在理想情况下,你应该每餐都多摄入一些蛋白,来源包括豆制品、鸡蛋、鱼类、禽类、牛肉以及其他肉类。
- 富含纤维的谷物,比如麦片和糙米,能够有效地抑制食欲并有助于提高肠胃健康。
- 健康的脂肪能让我们获取一定热量,有饱腹感,并使皮肤富有光泽。脂肪摄入量过少,就像时尚减肥节目介绍的那样,会使皮肤和头发过于干燥。橄榄油和坚果是摄取健康脂肪的最佳选择,像三文鱼和核桃这样富含 Ω-3 脂肪酸的食物也能改善情绪和皮肤。
- 富含大豆的食物能够帮助缓解更年期的症状。不过豆制品的雌性激素含量很低,想要见到成效,每天都要摄入 25 克大豆或毛豆,或是至少分 3 次摄入,这就意味着你每天要吃一大把。一杯8盎司①的豆奶只含有4到10克。若有癌症病史或对雌性激素过敏，请遵从医嘱。

每天要经常喝水以保持体内水分充足。水有助于消化系统的循环，为身体清除垃圾，加快新陈代谢。水果和蔬菜富含水分，尤其是苹果、西兰花、哈密瓜、葡萄、生菜、橙、桃、梨、草莓、番茄和西瓜。

《越减越年轻》(The Younger [Thinner] You Diet) 的作者埃里克·布雷弗曼 (Eric Braverman) 博士认为，中年女性减肥的秘密武器是茶叶和香料。它们不仅会使食物更可口，也能够改善健康。茶叶和香料具有产热的功效：加快新陈代谢，使你消耗更多热量。同时，它们还含有重要的维生素、矿物质和抗氧化物，并具有能够保持健康的抗菌功效，还能促进消化，净化身体，增强精力。香料能够增加饱腹感，因此在烹饪时使用香料可以让你少吃一些。荷兰马斯特里赫特大学（Maastricht University）进行的研究表明，让健康被试在每顿饭前食用一些红辣椒片或粉末，能够将这顿饭的卡路里摄入量降低16%。辛辣的食物也会让你喝更多的水，正如我之前提到的，多喝水也是减肥的好办法。

你的消化系统需要逐渐适应辛辣的食物，因此在尝试这个方法的时候，你只能逐渐加量。一开始只加半茶匙就够了，等你可以接受后再加。如果你不太能吃辣，那么不要用汤匙来加。

---

① 1液体盎司约为30毫升。——编者注

中年女性需要限制摄入的食物和营养

在中年期，多余的糖很难消耗，因为糖热量很高，不仅会造成浮肿，还会使伤口难以愈合。加工食品中的糖类添加剂包括：高果糖玉米糖浆、果糖、葡萄糖和蔗糖，这些都应该避免食用。虽说最好完全禁食糖类，不过龙舌兰糖浆、蜂蜜或枫糖浆也是不错的选择。这些糖类替代品含有对人体有益的维生素、矿物质和抗氧化物。甜菊糖是天然的糖类替代品，来自一种名为甜菊的食物，原产自巴西和巴拉圭，千百年来一直为人们所食用。它的甜度比糖类高 200 至 300 倍，因此只需要一点点就能达到想要的效果，而且完全无热量。甜菊糖可以在任何情况下使用，包括烘焙食品。

单一碳水化合物能够让你快速增强体能，但是很容易上瘾并摄入许多不必要的热量。匹兹堡大学医学院（University Of Pittsburgh School Of Medicine）精神病学和传染病学教授兼《今日秀》健康与饮食栏目编辑玛德琳·费恩斯特伦（Madelyn Fernstrom）认为，女性应该注意，吃甜食与压力存在联系。

遗憾的是，下面这些我最爱的食品并不是适合天天吃的健康食品。

- 蛋糕
- 薯条
- 饼干
- 碳酸饮料和果汁
- 意大利面

- 糕点
- 派
- 加工食品
- 布丁
- 木薯淀粉
- 精制面粉面包
- 精米

另外,费恩斯特伦指出,中年女性不再需要额外的铁元素。绝经以后,女性每个月将不再损失铁元素,年过五十的女性每天所需维生素中也不含有铁元素。然而她建议,应将维生素D维持在最高水平。维生素D可以改善心情、增强骨骼健康并有助于减肥,因为维生素D能够帮助燃烧身体脂肪。我们从食物中是无法获得足够的维生素D的。可以通过晒太阳获得天然的维生素D,但是由于防晒霜的存在以及在户外时间过短,许多女性很容易缺乏维生素D。建议你找医生进行一次血液检查,这是确定你是否缺乏维生素D的唯一办法。

一有压力就吃东西的习惯应该被扼杀在摇篮里。专家给出的最佳建议是"在吃之前先想一想",这样可以给自己时间做出更加理智的选择。有些女性发现吃生鲜蔬菜也是释放压力的好办法。

有时候,有些人会因为压力大而吃掉过多的食物。我的患者梅琳达刚开始来找我的时候是希望能减肥。50岁的她至少需要减掉45公斤。她告诉我,体重已经成为她生活中最大的问题。

我很快就意识到，梅琳达减肥这件事更像是一个愿望而非目标。她把食物当成排解情绪的方法。吃东西的时候，她可以暂时忘记生重病的母亲和压力巨大的工作。但是最终，她的体重已经影响到了她的健康。身体问题令她非常担忧：她患有背部疾病，需要做踝关节手术，有睡眠呼吸暂停的症状，走路时呼吸困难，被诊断为糖尿病是压倒她的最后一根稻草。

梅琳达知道自己的健康问题是肥胖导致的，而我严重地警告她，糖尿病可不是个玩笑。我问她如果失明或截肢了，她会有何感想。这样的假设让她意识到自己的情况有多么可怕。这是她第一次有足够的动力开始有规律地健康饮食。她现在一天只吃一顿饭，并加入了一个支持小组来进行自我监督。她正在学习通过不依赖食物的方法来管理自己的情绪，并采取更为健康的饮食来减肥。

运动的重要性

运动是保持健康和整体幸福感的最佳方式。你应该知道，运动有助于心脏和身体保持年轻状态。最新的研究表明，有益的有氧运动还能够保持大脑健康，原因是运动直接影响着神经的形成。萨克生物研究所（Salk Institute for Biological Studies）于 2010 年进行了一项研究，证明运动能够促进大脑细胞产生和增强记忆力。

最新的研究进一步证明了这个观点。芬兰于 2015 年在《运动医学与科学》（*Medicine and Science in Sports and Exercise*）上发表了一项突破性的研究，该研究跟踪调查了多对双胞胎 16 岁以后的生活。结果表明，在年轻时拥有相同运动习惯的同卵双胞胎，在成年后如果发展出了不同的运动习惯，身体和大脑都会产生差异，哪怕他们终生都拥有相同的饮食习惯。通过对比具有相同基因和相同成长史的双胞胎，研究清晰地表明了运动会对我们的身体产生多么重要的影响。当双胞胎成长到 30 多岁的时候，他们的健康已经出现差异。不爱运动的人耐力较差，体脂率较高，并且出现了胰岛素抵抗的症状。同时，他们的大脑也出现了差异：爱运动的一方比不爱运动的拥有更多的灰质。因此，就算你很苗条或接近自己的理想体重，并对自己的外形很满意，你也有必要经常运动以保持身体健康，思维敏捷与活跃。研究表明，有氧运动是保持大脑健康的最佳运动。

最新研究表明，使人精疲力竭或产生疼痛感的运动并不是有效的运动。促进新陈代谢最有效的办法并非食物，而是每天快走 30 分钟。至于延长寿命的办法，则与之略有不同。美国国家癌症研究所（National Cancer Institute）2015 年的研究表明，对中年人来说，延长寿命的最佳运动方式是每周运动 450 分钟，也就是每天约 1 小时。澳大利亚于 2015 年在权威的《美国医学会杂志》（*Journal of the American Medical Association*）上发表的研究表明，理想的运动强度需要包括 20 到 30 分钟的剧烈运动。健身教练建议你使用运动手环或其他设备来记录你每天的步数。如果要保持体重，每天至少要走 10 000 步，而如果想减轻体重的话，每天至少要走 14 000 步。

如果你能养成每天运动的习惯，那么基因将不再能决定你的命运。如果你的家庭文化中没有去健身房的习惯，那么从现在开始多活动活动身体也能大幅度地提高你的健康水平。

女性步入中年后，肌肉质量会开始下降，这就是抗阻训练或力量训练如此重要的原因。这种训练也是保持积极的自我形象和防止抑郁的绝佳方式。大量研究分析了运动对抑郁的影响，并得出了抗阻训练能够增强自尊心、改善心情、缓解焦虑并提高抗压能力的结论。因此，这种运动方式能够帮助出现围绝经期症状的女性改善心情。当你把有氧运动和抗阻训练结合起来后，身材变得更好便不再只是一种可能，而是必然会发生的事情了。

研究表明，现在开始根本不算晚。事实上，许多女性都是到了中年才开始喜欢上运动的。现在就是你最好的年华，因为在中年，有许多非常有效的运动方式任你选择。例如，欧内斯廷·谢泼德（Ernestine Shepherd）在70岁后才成为世界上年龄最大的健美运动员，但她其实是从56岁才开始健身的。动感单车教练斯泰茜·格里菲斯告诉我，她遇到过许多在年轻时从未健身过的女性，到中年以后却在自己的运动节奏中找到了自由。她认为，这就是动感单车深受中年男女欢迎的原因。他们骑上单车，无须在意步伐，很快便与整个课堂融为一体，并从中获得了巨大的支持。每一个人都能找到自己的节奏。这大大改变了女性的运动方式。

许多女性在50岁时都可以像20岁那样运动，在有些方面甚至能做得更好。而斯泰茜认为中年女性会比之前更享受健身运动。一些女性觉得在健身房运动不够舒适，那么她们还有许多其他的选择，例如可以每天在家中进行时间更短的运动。同时，打破自己常规的运动计划，偶尔尝试新方式也是必要的。健身一段时间以后,你的身体会变得更为警醒,健身效果也会更好。

为了收获健康,健身应该成为你生活的一部分,因此多一些选择有助于女性保持对健身的兴趣。卡莫纳博士在他的著作中指出,无论你运动多长时间以及强度如何,你的身体反应都会在上一次运动结束 72 小时后停止。

关于运动和保持健康,斯泰茜·格里菲斯还提醒我们,中年女性的目标是放下那些对我们没有用的事情。运动这种方式能够让我们的身体重新养成更好的习惯,摆脱头脑中一直阻止我们前进的有害信息。运动给我们创造了平衡、专注并与自我对话的时间,能够让我们变得更为平和与强壮。

睡眠的重要性

抗衰老最简单的方法就是睡觉。在休息得好且压力较小的时候,你不仅看上去更年轻,对待自己和他人也会有更积极的态度。睡眠不足会使你不愿意运动,并更容易选择不健康的食物。但是大多数人都会在中年遭遇睡眠问题。睡眠不足的时候,我们更容易发怒,更难集中注意力,效率也会降低很多。同时,睡眠不足还会造成严重的健康问题,不仅会使体重增加,而且会影响判断力,并严重影响心情。睡眠不足会使身体缺氧,血压升高,压力激素水平升高。同时,还有可能导致免疫力下降,增加患高血压和心脏病的风险。

在过去,睡眠时间短被视为身体强壮的标志。但是现在,我们知道成年人需要 7 到 9 小时完整、优质的睡眠。一些健康的人只需要睡 6 小时，还有一小部分人需要睡 10 小时。不过关键并不在于睡眠时间。你不仅要保证睡眠时间，更要保证睡眠质量。如果在没有闹钟的情况下，你每天能在同一时间起床，并感觉精力充沛，一天中的大部分时间都能充满活力，并且每天能在上床后 10 分钟之内入睡，那么你的睡眠需求就得到了满足。但是，如果每天早上你在起床之前要按掉好几次闹钟，而且每天在电视机前就能睡着的话，你的睡眠是不足的。

失眠的原因

中年期的责任和压力足够让每一个女性失眠。也许下面这些中年女性常见的问题你也遇到过。

- 阻塞性睡眠呼吸暂停。这种症状是由夜间睡眠中鼻腔或喉咙堵塞，或者柔软的舌头部分或全部堵住呼吸道导致的，其原因可能是结构性阻塞或过度肥胖。阻塞会使大脑和身体缺氧，引起自动反应，唤醒你以恢复呼吸，但不会让你清醒到恢复意识的程度。睡眠呼吸暂停不仅会影响你的睡眠质量，最新研究表明，它还与痴呆有着某种关系。那么，什么样的中年人需要担心这个症状？问问你的爱人你打不打呼噜吧。
- 糖尿病。睡眠不足会让你更饥饿，压力更大，更容易产生胰岛素抵抗的情况，这些影响都会导致 2 型糖尿病的发生。
- 抑郁。尚不清楚失眠是否会导致抑郁，或者反过来。

一些研究者认为两者存在联系。
- 纤维肌痛综合征。这种疾病会导致全身疼痛、乏力、睡眠障碍以及认知功能障碍，例如脑雾。纤维肌痛综合征可以通过验血排除其他疾病后得到确诊。
- 反流。反流一般出现在夜里躺下后，是胃酸流回食道的现象。反流会使你在夜间惊醒，感觉嗓子干涩或咳嗽，这是因为胃酸流进了你的肺部。
- 激素缺失。雌性激素是在睡眠过程中维持你睡眠状态的必需物质，而黄体酮具有催眠作用。医生有时会使用激素替代疗法来治疗睡眠问题。低剂量的人工合成激素能够帮助你恢复睡眠，并改善更年期中影响睡眠的相关症状，包括潮热和抑郁。
- 药物副作用。类固醇、减充血剂、抗注意力缺陷障碍药物和β受体阻滞剂都会影响睡眠。抗抑郁药，尤其是选择性血清再吸收抑制剂，例如百忧解、左洛复和来士普也会影响睡眠，尤其是当你刚开始服用或更换药物的时候。

失眠时应该做的事

养成良好的睡眠习惯能够使你的身体慢下来，更易入睡。要记住，你不仅是在照顾自己，也在减少你的压力激素，这一点至关重要。我为想解决睡眠问题的患者提供以下几点建议。

- 从床上下来。如果你在半夜里醒来并感到难以再次入睡，应该停止使你清醒或担心的举动。换一个房间，做一些能够使你平静下来的事情，等睡意袭来再回到床上。

- 关掉所有的灯。拉上遮光窗帘，使屋内保持黑暗，或是戴上睡眠眼罩。闹钟、电视机、电脑或手机发出的最微弱的光也会影响睡眠。

- 控制一天中咖啡因的摄入量。咖啡因在体内存留 7 到 8 小时后含量才会减少一半，也就是说如果在早上 8 点喝一杯咖啡，14 个小时后的晚上 10 点，它仍在起作用。

- 不要喝鸡尾酒。很多女性发现，她们在喝了几杯酒后会立刻入睡，但会在几个小时之后完全清醒，这是中年人的典型模式。酒精中的糖分需要几个小时来分解，而一旦分解结束后你就会醒过来。在每杯酒后，都会出现一个小时的镇定，继而是一个小时的清醒。酒精会使你的组织放松下来，这样呼吸道处于开放状态，更容易发生睡眠呼吸暂停的症状。此外，酒精会引发潮热和膀胱敏感，这两点也会使你的睡眠质量下降。

- 睡觉前吃一些小零食。含有少量复合碳水化合物的食物，例如一小碗麦片能够促进大脑产生血清素和褪黑素，两者能够使你的大脑放松并有助于睡眠。一杯牛奶能够提供色氨酸，它是构成蛋白质的重要基础，并有催眠作用。富含维生素 B 的食物，如香蕉、葵花籽和牛油果，也有助于产生色氨酸。

- 换一个新床垫。如果你的床垫已经使用 10 年以上，那么是时候换一个新的了。挑选一个适合你和爱人的新床垫吧。那些含有记忆海绵的床上用品听上去不错，但是会阻止体热发散，因此并非中年女性的最佳选择。
- 治疗睡眠呼吸暂停症。睡眠呼吸暂停症的标准治疗方法是持续正压通气（CPAP），用面罩盖住口鼻并连通到能够提供持续气流的机器上。
- 使用睡眠辅助药物。这些药物能够使你放松，有助于快速入睡和保持睡眠状态。不过，这些药物只是短期的缓解方法，但是许多人却常年使用。和医生讨论一下你的做法，并坚决不要借用他人的安眠药。
- 试着像青少年那样睡觉。青少年享受睡眠。他们容易入睡，睡眠质量好，很难醒，而且睡眠时间比婴儿和成人都长。与其想要拥有婴儿般的睡眠，倒不如努力像个青少年那样享受睡眠。

向青少年学习：努力养成健康的习惯

我在青少年时期几乎不运动，也绝对不愿意运动。出去吃午饭，在商场走一走，对我来说就是完美的一天。在我心中，锻炼就等于让头发乱糟糟的，那可不是什么好事。幸运的是，我在将近30岁的时候喜欢上了运动，而运动这件事也一直陪伴我走到了今天。现在我还是不喜欢头发很乱的样子，但是和糟糕的身体相比，凌乱的头发至少是暂时的。

当今，包括我自己的孩子在内的青少年对身体健康的重视让我惊讶。现在的青少年对饮食健康和健身有了更好的了解，我认为其中的部分原因来自于学校对健康的重视，这或许是为了控制全美的儿童肥胖率。在文化传统中，青少年具有希望自己外表靓丽、体形完美的强烈本能，如今的社会更强调女性应该健康和苗条的观点。我认为，现在的年轻人比我们当时对饮食健康、身体健康和运动有着更深的了解。许多年轻人会去健身房、加入体育队和进行锻炼，而且常常会展示自己健壮、标准的身材。

给自己一个承诺，要像现在的年轻人一样健康，更有活力地生活。通过调查，找到适合自己的运动和饮食方式，选择你有动力坚持下去的体育项目，同时不要害怕做出改变。之后，列一个能够使你更加年轻和健康的计划。

对你需要特殊注意的部分做出重点标注，并在接下来的14天中做出必要的改变。

- 评估自己的健康状况，并与医生一起讨论运动和饮食计划。
- 尝试最新的饮食方案，并观察自己的反应。最健康的选择应该包括以下三种营养成分：蛋白质、碳水化合物和健康脂肪。这三者缺一不可。
- 尝试新的运动计划。每周最好进行有氧运动和抗阻训练，同时加上一定量的拉伸运动。不要担心举重运动会使你块头变大，你只会变得更强壮，这是你中年期非常需要的。
- 最重要的是拥有一夜好眠。让自己有充足的时间睡眠和打盹。

中年榜样

珊妮·霍斯汀

珊妮·霍斯汀是一位律师、记者、专栏作家，也是美国有线电视新闻网（CNN）的法律评论员。珊妮与我从各自的专业角度在电视上共同分析过许多案例。我一直佩服她为了健身和保持健康做出的努力，而且她的生活非常充实，又充满活力。重要的是，她让我感觉自己像一个中年懒蛋，所以我把她看作自己的中年榜样。我需要一些激励！

当我问珊妮如何拥有这样完美的体形时，她告诉我说："我并非一直是个健康的人，但是我拥有苗条的基因，我的父母都很瘦。我总在运动，上多堂舞蹈课，打篮球和垒球，而且在二三十岁的时候就开始跑马拉松了。以前，我运动的原因是我享受运动的过程，而并非出于健康的考虑。我在年轻的时候想吃什么就吃什么。我的父亲是来自南方的非裔美国人，母亲是波多黎各人，我是吃黑人喜欢的油炸食物和波多黎各食物长大的。我怀第一胎的时候在床上躺了6个月，体重增加了31.5公斤，怀第二胎的时候在床上躺了4个多月，体重增加了27公斤，而这些体重我仅仅通过饮食调节就减掉了。

"步入40岁后，我开始意识到不能再任性地吃东西了，我是突然间醒悟的。40岁真的改变了我很多。我需要更加注意饮食，并要通过锻炼来保持体形。

"我特别忙，生孩子比较晚。我发现，运动能够使我的精力更加充沛。我一直保持运动，不过中年以后，我发现自己更容易受伤了。不做拉伸运动的话，我是无法跑完3公里的，也无法上完一节舞蹈课。因此现在我对自己更加体贴。我喝更多的水，运动之前和结束时会做拉伸运动，同时我改变了健身方式。我跑步的时候膝盖会疼，因此我将有氧项目改成动感单车，还会上瑜伽和普拉提课，这样的运动强度依然很大，但对身体的伤害更小。我喜欢用运动追踪器来记录自己的运动情况。为了看到变化或维持现在的状态，我每周需要运动3次。

"在我看来，外表的美丽70%是由饮食决定的。现在已经40多岁的我非常注意自己的饮食。我不吃面包、意面和米饭。我也不吃肉，这对我来说是一个困难的挑战。我过去非常喜欢培根。我几乎只吃鱼和蔬菜。我喝大量的绿茶、白茶和红茶，也会榨大量果汁来喝。我常常把果汁和牛奶当作早餐，把甘蓝、西瓜、黄瓜和青柠混合果汁当作午餐。我控制大豆的摄入量，研究表明大豆不利于非裔女性的健康，会导致子宫肌瘤。早餐一直是一个挑战。我每天会在早餐前喝一杯热柠檬水。这个方法是我从一位在亚洲长大的朋友那里学到的，能促进新陈代谢。

"我允许自己在需要的时候吃喜欢的食物，例如我会在与家人一起度过周日的时候吃炸大蕉、米饭和豆子。我知道给自己放一天假不会破坏整体的计划，影响基本上不值一提。我想多和孩子们在一起，因此控制饮食是非常重要的。我只吃天然的食物，如果配料表中有我不认识的成分，那么这样的食物我一概不吃。如果你注意饮食，那么偶尔吃一些健康的甜食会使你感觉心情愉快。我喜欢杏仁饼干和红天鹅绒纸杯蛋糕。我喜欢在晚餐时喝一点红酒。我会参加品酒会，喜欢在葡萄园里待上一整天。比起甜食，我更愿意喝一杯红酒。事实上，鱼和熊掌你也不可能兼得。"

当我问她中年人想要保持体形是否更加困难的时候，珊妮非常诚实地回答说："我生过两个孩子，身体与之前已经大不一样了。如果我想拥有细长的美腿和平坦的腹部，我必然要付出比以前更多的努力。如果我在年轻时只懂得欣赏自己已有的东西，那么那时候我每天都该穿比基尼才对。但现在我发现，每一天都是我生命中最年轻的一天。

"我努力使自己的身体更强壮,而不仅仅是更苗条。我并不是一味追求瘦。对 40 岁的人来说,苗条并不是美丽的标准。我的座右铭是'强壮是苗条的新标准'。我每天都会锻炼。静坐不动是中年人最大的错误。一连几个小时坐在办公室里并不是我们应该做的事。如果不去健身房的话,我会做 15 分钟的蹲起,或 10 分钟的平板支撑。我在 CNN 一直走楼梯。如果要去距离 1 公里的地方,只要天气不错,我就会步行前往。

"我理想的一天是早上 6 点 45 分起床,冥想 12 分钟,之后喝一杯热柠檬水。我的孩子们在早上 7 点起床,我会跟他们聊天。他们在 7 点 40 分离开家以后,我会上一节瑜伽或循环训练课,或是做做普拉提、骑骑动感单车。我还会做仰卧起坐、平板支撑和俯卧撑,一共最多 45 分钟。在运动前后我会进行拉伸。我早餐吃一汤匙的杏仁酱,或是香蕉或奶昔,然后冲个澡,再去上班。我晚上也会健身,不过不在计划之中。下班后回到家,我会在吃晚饭的时候喝杯红酒。我会在睡前阅读,通常是新闻摘要,然后点上薰衣草油进行睡前冥想,之后进入梦乡。

"我会用语言自我鼓励,我希望为了自己和家人尽可能保持健康,或者说,我应该为自己和家人尽可能做最健康的自己。对我来说这样的生活方式坚持起来并不容易。有时候我会想很多事,而且要做很多事,我本可以用健身的时间做其他事,但是我想拥有更健康的身心,而且我明白健康的重要性,因此我会对自己严格要求。但我不能说这很容易,因为坚持真的很难。"

健康朋友的积极影响

我的表妹谢里尔也已经步入中年,几年前,我们决定一起骑动感单车。我们听说动感单车很有意思,是个打发时间的好办法,也是健身运动中很有益的有氧运动。很快,动感单车成了我们生活中常规的健身项目。我们互相监督、互相鼓励,尤其是在健身热情有些消退的时候。谢里尔有着傲人的身材,这对我来说也是一种激励。

青少年会受到朋友很深的影响,而我们两个中年人也是如此。如果我们经常和重视健康的朋友在一起,那么自己也会做出有益于健康的选择。我们的社交圈会在一定程度上影响到自己的身心健康,而从科学角度看,对这个现象的研究被称作"社会基因组学"。我们吃多少食物、个人口味以及情绪状态都会受到社交的影响。当这种影响呈现负面状态时,我们称其为"同辈压力"。然而,我们也可以利用这种强大的影响,来选择相处的伙伴。事实证明,运动与减肥和吸烟、吸毒以及酗酒一样,也是会受到社交因素影响的。

我们会和身边的朋友长得越来越像,而这并不是巧合,朋友对我们健康的影响要比家人大得多。尼古拉斯·克里斯塔基斯(Nicholas Christakis)和詹姆斯·福勒(James Fowler)调查了"涟漪效应"这种现象及其对健康的影响。研究跟踪调查了超过1.2万人,持续时间为32年,结果发现友谊对健康,尤其是体重有着重要的影响,这种影响甚至存在于两个相距几百公里远的朋友身上。

与朋友一起重视健康,你们两人都会受益匪浅。我们在本章中讨论过的生活方式的改变,对于你和负责监督的朋友来说,都是非常容易实现的。而且,你会从中找到很多乐趣。

第六章

定义中年之美

我在电视中看到自己时，会发现外表的缺陷被放大了，这并不是件愉快的事。很多年前，我看过自己参加的《奥普拉脱口秀》，当时我刚刚生完女儿，雌性激素水平下降后出现了暂时性的脱发。我的头发看上去非常糟糕。

现在，非常诚实地说，我的头发再也没有回到最佳状态，但在电视上看到自己糟糕的样子后，我真正了解了自己。我想念自己年轻时浓密的秀发，并嫉妒其他拥有浓密秀发的女性。我的自尊心陷入了低谷。

后来我看到了一句名言："你的头发是为了提醒你，你无法控制一切！"我非常赞同这句话。但我也认为，我能够尽力弥补自己无法控制的事情。美丽总是需要付出一些努力，你知道吗，我愿意为美丽付出努力。

我曾向几个医生和理发师寻求建议。虽然13年后我的头发仍然没有像过去那样浓密，但是我知道该如何正确保养头发并使它呈现出我想要的样子了，尽管有的时候这是一个挑战。我非常关注自己的头发，用了许多保养产品，并进行专业造型、拉直和营养。尽管我的头发仍然很少，但是我对自己的样子感到很满意。

每当看到自己过去的照片，我都会对自己说，我喜欢她。我记得过去的时光，但是并不想回到过去。这也是我从来不隐瞒自己年龄的原因。我从过去的岁月中学到了很多，是过去让我变成了现在的自己。谎报年龄就如同丢掉了自己重要的一部分和过去的经历。我拒绝这样做。

  回头看看自己的老照片并对自己说"我现在看上去更好"，这是非常有用的一种练习。我采访过很多对自己现在的样子很满意的中年女性。她们懂得如何吃得更健康，做更多的运动，并与自己拥有的独特中年特性和身材和谐相处。她们知道怎样才是最佳状态，而且更适应自己的样子。虽然她们也会受到文化的影响，但是却不会被文化限制。

  自我形象和吸引力在镜子问世后就一直是女性的热点话题，因此我们总是关注自己的外表，这并不奇怪。幸运的是，现在的中年女性能够找到许多性感又年轻的榜样，这些人享受自己现在的样子，例如演员蕾妮·罗素（Rene Russo）、主持人张珠珠（Juju Chang）和萨万娜·格斯里（Savannah Guthrie）、演员艾玛·汤普森（Emma Thompson）和霍莉·亨特（Holly Hunter）、米歇尔·奥巴马（Michelle Obama）以及我最欣赏的中年女性麦当娜，她们的存在重新定义了中年女性的样子，这对我们有积极的连锁效应。现在的我们早已和上一辈人不同，能够轻松愉快地呈现出自己最迷人的样子。

媒体与新型中年生活

  我们这个年纪的女性经历了广告业的黄金时期。广告对女性只有一个衡量标准，那就是美丽。在过去，女演员一过40岁，就会立刻失去女主角的地位。2013年，已过50岁的女演员克里斯汀·斯科特·托马斯（Kristin Scott Thomas）在戛纳电影节上评价中年女性的角色时说："不知怎么地，你就是消失了。这已经是老生常谈了，男人越老越有魅力，可是女性就消失不见了。"

我的朋友兼同事吉尔·缪尔-苏卡尼克（Jill Muir-Sukenick）是一位心理治疗师，她过去是一位模特。在其著作《面对现实》（Face It）中，她指出我们以年轻为主导的文化病态地将衰老视为一种疾病。她见到许多女性在变老的过程中经历了身份危机。在一些极端的案件中，有些女性采取了不恰当的应对措施，例如过度节食、酗酒、吸毒、滥交以及多次进行整容手术。大多数人接受了这种文化偏见，并过早地自我放弃了。那些我们喜爱的女性从大银幕上消失了，因此我们也担心自己会消失，会变得无关痛痒，或者失去自己的选择和机会。这样的情况更容易发生在会以自己的外表为基础应对问题的女性身上。我们的情绪会影响我们的外表，同时也会影响我们对自己和社会的感受。因此，当我们在镜中看到一个性感的女性在回看自己时，我们也会变得性感。而当我们的外表与我们的想象有所出入，比想象中衰老时，我们对自己的看法就会受到消极的影响。同时，媒体中一次次出现的千篇一律的美女也会使我们对自己感到沮丧，或者受到鼓舞。

只要我们能够正确地看待社会主流文化中传达的信息，并了解这些图像背后的动机——出售产品，那么想要获得受主流文化认同的外貌就不是什么病态或不理智的事情了。事实上，这是非常正常的。任何年龄的女性都会受到社会信息的影响，因而产生不安全感和对自己的身体糟糕的印象。这种现象被称作"常态性不满"（normative discontent），指人对自己的外表经常产生的不满足。在中年期，女性会对社会期望更加敏感，而如果没有达到标准，她们就会变得沮丧、焦虑或缺少自信。

我们的任务是推翻"中年等于失去"这种流行观点。在一生中，我们可能会失去某物或某个心爱的人，比如宠物或朋友。除了这些以外，我们不会在中年失去任何东西。我们只是在中年经历了一些变化，但生活依旧十分精彩。由毛毛虫变成的蝴蝶并不是衰老了，而是变得更好了，而我们需要接受这样的逻辑，享受生活的美好。如果我们能够接受"即便是面部和身体的变化也会让我们看上去和年轻时一样美丽"这个观点，那么整个社会传统都会朝正确的方向发展。如果我们满足了这种需要并反映出了中年群体的变化，那么最终，我们的社会将得到调整。

《美貌的神话》（*The Beauty Myth*）的作者娜奥米·沃尔夫（Naomi Wolf）在谈论她的中年经历时印证了我的观点。最开始她也受到了文化的影响，认为衰老是一种失去的过程，但是渐渐地，她发现事实并非如此。她发现自己的同龄人"充满活力和魅力"。事实上，她把这样的人称作"变化的使者"，她们不接受文化中对衰老的恐惧，而是重新定义了美丽。

另一位掌控着自己外表的女性是托尼奖[1]获得者维奥

---

[1] 美国话剧和音乐剧最高奖项。——编者注

拉·戴维斯（Viola Davis），她公然反对媒体对她的"非古典美"的评价。在2015年的脱口秀节目《观点》（The View）的采访中，戴维斯说："作为一个深色皮肤的黑人女性，你从出生开始就会听到这样的评价。'非传统的美'是'丑陋'的委婉说法。这是对你的批评和污蔑。"她表示在自己年轻的时候，这些评论会伤害到她的自尊心，但是中年的她已经不会受到这些话的影响了。现在，她发现了自己的美，而且对自己的外表感到骄傲。在采访中，戴维斯继续说："因为在最终，你定义了你自己。"这种积极的态度为她带来了成功：中年的她继续在大银幕和小银幕上绽放光彩。

许多名人步入中年后继续活跃在大众视野中，而戴维斯就是其中一员。大银幕上的中年女性，如卡梅隆·迪亚兹、妮可·基德曼（Nicole Kidman）、梅丽尔·斯特里普（Meryl Streep）和朱丽安·摩尔（Julianne Moore），都在表演领域大获成功。她们的中年生活是多么精彩啊！我们也看到越来越多的女性在过了40岁甚至50岁的时候，仍然充满魅力地出现在杂志封面、产品广告和银幕上。欧莱雅这样的公司仍然会请黛安·基顿（Diane Keaton）、简·方达（Jane Fonda）和安迪·麦克道尔（Andie MacDowell）等知名女演员来代言。劳伦·赫顿（Lauren Hutton）、伊曼（Iman）和娜奥米·坎贝尔（Naomi Campbell）都是顶级设计师的模特。

埃姆是世界著名的大码模特、电视名人、作家、演说家、服装行业的创意总监以及女权运动者，她把大部分时间和精力都用来倡导积极的身体形象和自尊自信。20多年前，她在竞争激烈的时尚行业重新定义了美丽。她的个人目标是让大家知道，一个身材 14 码或 16 码的女性也能够性感迷人，无须面对减肥的压力。她告诉我："公众通过社交媒体表达观点，让商家和艺术总监听到他们的声音。社交媒体已经成为重要的变革者，不仅重新定义了美丽，让公众处于掌控之中，而且当广告商冒犯了购买者中的一个更大的群体时，人们还能联合抵制。但是，只有当行业能在各种表演中不分年龄和体形地选用模特，我才会认为我们有了重大进步。"

现在，埃姆与雪城大学（Syracuse University）通过一个名为"时尚无极限"的项目为全球时尚界寻求突破，该项目会教新设计师如何为 4、6、8、16、20 及 22 码的模特设计服装样式和图案，让时尚的受众比之前更广。这是我们都应该学习的。

美丽需要努力

我们在中年期学到的最宝贵的一课是：他人对我们外貌的肯定毫无意义。给予他人表扬我们的权力是十分危险的，因为我们是在放弃对自己的控制，完全受到他人观点和评价的左右。如果我们完全按照他人的评价来定义自我价值，那么我们的生活将变得非常脆弱，并最终产生负面的自我感受。

我们在生活中有时处于舞台中心，有时在角落。如果衰老是你的阿喀琉斯之踵，那么你就会特别在意自己不处于焦点的时候，并将其归咎于自己的衰老。这就是所谓的"证实性偏见"——强化自己对某事偏见的一种倾向。这也是处于中年的明星和其他成功女性比过去看上去更好的原因之一。

她们的心态不再受人左右，这使她们的外貌和感受比以往所有的前辈都更加年轻。这就如同精神上的整容手术，而且效果比实际的手术更好，因为不需要恢复时间。

证实性偏见也可能产生负面作用，造成错误的想法。例如，如果你参加聚会的时候没有人过来与你交谈，你就会在意自己的年龄，并认为大家是因为你的年龄才对你不感兴趣的，但事实可能并非如此，甚至可能与你的年龄毫无关系。

你的证实性偏见可能会让你觉得自己毫不起眼。我可以明确地告诉你，这只是你自己的感觉。我曾经询问过哈佛大学的心理学教授艾伦·兰格（Ellen Langer）博士有关女性在衰老后感觉自己不受关注的问题，她回答："绝大多数人都觉得自己不受关注，无论她们衰老与否。"可以这样说，每个人都希望能够获得比自己的实际好一些的赞扬。这与年龄无关，而来自于我们本能的渴望，每个人都希望自己得到认可、珍惜和无条件的爱。认为自己不受关注与衰老有关是中年女性很容易产生的证实性偏见，每个人都应该注意这一点。

事实上，变老并不意味着不再重要。你会变得更有能力，包括性吸引力。当你把自己最好的一面展示出来，并真正承认和喜欢自己的样子，你就会呈现出极大的魅力和力量。盖尔·希伊（Gail Sheehy）讲过英国首相玛格丽特·撒切尔（Margaret Thatcher）在60岁时发生的一个故事。在那个时候，有几位世界上最有权力的男人都认为她非常有魅力。撒切尔夫人既有权力，又保持着真实的自我。希伊说，撒切尔夫人会接受离子足疗，通过清理足部来排毒、清洁和平衡身体。撒切尔夫人认为，这种足疗是使自己保持年轻、活力和性感的秘诀。谁说不是呢？这个办法说不定真的有用。这个短小的历史趣闻向我们展示了这位掌握大权的女性在60岁时仍然自信地认为自己很性感，并渴望在衰老的过程中保留魅力。

在中年期，我们看清了媒体对青春的谣言，并看到了真实的情况。例如，现在我们知道杂志上的佳人并非完美无瑕，而是借助修图来实现完美的。在某种程度上说，相信完美的存在是件好事，会产生积极的作用，给予我们奋斗的目标。完美是一种安慰，如同今天的童话故事。

然而，完美是一种危险的模范。1985年《今日心理学》（*Psychology Today*）杂志进行了一项调查，结果显示，三分之一的女性对自己的外貌并不满意。当1993年进行相同的调查时，结果变成了二分之一，当时修图在几年前刚刚成为时尚界的必备工具。20年后，我们接触到的数码媒体比过去更多。好在现在我们都明白媒体在利用我们的心态营销，因此会对自己的外貌多一些宽容之心。我们仍然可以希望自己有美丽的外表，但是要明白我们每个人都有类似的不完美之处。事实上，不完美是正常现象，它反而能使我们拥有独特的美丽，尤其是当我们适应了不完美以后。

我们都知道，任何年龄的人都不会在刚起床的时候就光彩照人，并准备好迎接新的一天。美丽的外表需要付出努力。我最近在纽约的犹太博物馆参观了一个神奇的展览，名为"美丽就是力量"，是为了纪念20世纪美国化妆品行业的领军人物赫莲娜·鲁宾斯坦（Helena Rubinstein）。我喜欢她对美丽和女性的态度。她曾经说："美丽是形成正确的态度并为其付出努力。"她说得没错！

那些拥有我们喜爱的外表的女性可能拥有一支专业队伍在帮自己打理，努力保持美丽的外表。这并不是说，其他人就不能像她们那样成为"第一眼美人"。但是值得注意的是，我们的确要为美丽的外表付出很多，对我来说这是值得的。

我们应该学会如何优雅地面对生活的转折。你可能不再是房间里最年轻的那一个，但是如果你接受新的自己，那么你也一样可以光彩照人。你不会希望他人用一些过时的刻板印象限制自己。你可以选择拒绝这些误导性的谎言，相信自己的魅力，绽放真正的美丽。但是首先你应该知道，这是事实，是一定会发生的！我喜欢麦当娜在社交媒体上发布的照片，尤其是那些展示她中年生活态度的。最近她写过这样一些话："我应该告诉我女儿，她和朋友们到56岁的时候就会人老珠黄吗？不！我刚刚发布了专辑《不屈的心》（*Rebel Hearts*），去看看我是怎么做的吧。"

有很多方法可以克服中年期常见的不满意。找一位同龄女性谈论中年期经历的生理变化也许是最好也最有效的办法。知道自己的感受具有普遍性，能够使你得到极大的安慰。同时，你可以从朋友那里学到一些使自己身心保持年轻和最佳状态的技巧。

享受老去

诚然，社会发生了变化，但是谁要是以为文化彻底改变了，那就太天真了。事实上，保持体形、打理好自己的压力将永远存在，正如前一章所言，这些压力存在的原因有时与美丽和自我价值毫不相干。从"婴儿潮"一代开始到我们这代人，人们希望自己年轻的原因不仅是想跟上潮流，更是因为我们本能地认为年轻有益于健康。

因此，一些中年女性把追求年轻当成了全职工作，这与前几辈人中常见的邋遢家庭主妇形成了巨大的反差。然而"婴儿潮"一代为我们带来了更多的选择，她们绝不接受自己变老。由于医学的进步，她们看到了长寿的另一面，因此希望拥有不一样的生活。

苏珊娜·萨默斯拥有引人注目的外表，她从事多种不同的工作长达40余年，既是演员、歌手、企业家，又写出了畅销书《青春永驻》（Ageless）。有一次，她对我说："我外表是什么样就是什么样。[时尚设计师]汤姆·福特（Tom Ford）告诉我：'苏珊娜，你要是没有皱纹，看上去就会怪怪的。'我厌倦了对年轻的狂热追求。我们文化中对老年的抵制，对皱纹和白发的偏见存在了很多年。我对戴安娜·弗里兰（Diana Vreeland）[1]、乔治亚 奥基弗（Georgia O'Keeffe）[2]和路易丝·布尔乔亚（Louise Bourgeois）[3]这些女性非常着迷，她们拥抱时间，从不弄虚作假。如今的社会谴责衰老，但我却赞美它。'"

苏珊娜说："我注意让自己的器官和腺体保持年轻和健康，它们的状态会体现在我的外表上。我从不用昂贵、刺激性的化学护肤品。"由于苏珊娜找不到不含化学成分的产

---

[1] 知名时尚编辑，《穿PRADA的女魔头》原型。——编者注
[2] 著名艺术家，被誉为"美国的毕加索"。——编者注
[3] 雕塑家、画家、批评家与作家。——编者注

品，她创造了自己的有机护发、护肤以及化妆品牌 Suzanne Organics，可以在她的网站 SuzanneSomers.com 上找到。

兰格博士则证明了我们如何看待自己会对我们衰老的过程产生积极影响。2010 年，她对一个美发沙龙进行了研究，发现衰老得快的女性并非受到生物机理的影响，而是她们如何看待自己导致的。她研究了 47 位年龄跨度从 27 岁到 83 岁的沙龙顾客，并测量了她们的血压。做完发型以后，她们会阐述对自己外貌的看法，并再次测量血压。兰格指出，认为自己做完发型后更年轻的女性血压有所下降。

能够成功把握中年生活的女性拥有更年轻的外貌。兰格告诉我："看到某人年富力强，我们就会认为她是年轻的（即使她并不年轻）。看到某人老态龙钟，我们就会认为她年纪很大（即使她并非如此）。无论我们寻找什么，我们都会找到证据。如果你寻找衰老的正面例子，你将找到千千万万。这就是为什么对衰老的偏见使我们过早地放弃了自己。我们降低了对自己的期望。"

现在，许多中年女性继续追求傲人身材，没有皱纹，充满活力，我并不觉得这是坏事，这有助于我们打理自己和产生年轻心态，以实现外表上一定程度的年轻化。蕾妮·罗素和克里斯蒂·布林克利（Christie Brinkley）60 多岁时看上去一点都不老，你也当然不会觉得她们老了。她们现在的样子时髦又有活力。她们的年龄不代表她们失去了什么，而是代表着她们是谁，做了什么，以及她们正在给别人什么。当你拥有了这样的态度，你就会对自己说：我仍然很重要，我比过去更好了，而且我知道我有很多的东西可以给予别人。

你应该已经懂得不要再把自己跟超模比较了，但是我能肯定，你希望自己更年轻，你希望未来充满希望和可能，而且你希望自己的身体能够适应自己想要的一切。这再正常不过了，尤其是当你偶尔出现身体疼痛的时候。但是，如果你不能忍受自己出现任何衰老的症状，那么你就是在否认事实，这种心态并不理智。同时，这说明你对衰老的意义产生了抗拒和误解。中年女性需要向前而不是向后看。你无法在盯着后视镜的时候开车。你的目标应该是发现自己当下的美，而不是永远活在 20 或 30 岁。享受当下的自己吧。忘记你的年龄，好好生活！

年轻并不意味着感觉一定会更好。中年发展研究发现了一个有趣的现象：年轻女性对自己是否具有魅力更为焦虑。我们能够想象我们在年轻的时候经常有什么样的感受，但事实上，你对自己的感觉也许并没有什么改变，只是会让你产生不安全感的对象变了。对青少年来说更是如此，因为青少年过分关注自己的外表，这是我们不希望拥有的青春特质，在中年期我们有能力避免这一点。

外表的困境

希望身心达到良好状态，并以某些方式展示自我的想法是健康的，尤其在你的动机不过是像"我想喜欢我自己"这样单纯的时候——我想在工作中与他人接触时感觉良好；我想有坚定的意志；我想健康地度过未来的岁月。

但是，如果看上去光鲜亮丽就是你想要的一切，那么这并不是健康的想法。你过分关注自己的外表,可能会带来麻烦。只关注外表会使你缺少安全感,甚至会让他人觉得你愚蠢。更糟糕的是,对外表的关注会增加你的自我意识,使你与他人进行不恰当的比较。更好的办法是找到正确的平衡:你应该给予外表足够的重视,但是不要过多。

当你对自己的外表过于紧张和焦虑时,可能会对其产生反作用。最近一项研究表明,焦虑会使你的魅力减少,甚至会使他人对你失去兴趣。男人认为愁眉苦脸的女性缺少魅力。也许这是因为皮质醇水平的上升影响了皮肤和身体。正如我们上文所说,焦虑会带来压力,导致自尊心下降,并毁掉一项迷人的特质:你的自信。同时,过分关注外表会使你忽略真正使你产生魅力的东西,那就是活在当下、享受自我、欣赏他人的态度。

因此,不要再过分关注你的外表了。你知道吗?不停地照镜子对你弊大于利。伦敦精神病学、心理学和神经科学研究所的研究员在《行为研究与治疗》(*Behaviour Research and Therapy*)期刊上发表的研究表明,即使在实验前我们对自己的外表很满意,只要照镜子的时间超过10分钟,我们就会对自己的外表产生焦虑。研究表明,长时间照镜子对身体健康者和"躯体变形恐惧症"的患者都会产生不良影响,后者长期对自己的外表焦虑不已。虽然每个人都喜欢时不时地看一眼自己的样子,不过照镜子频率低的人更容易注意到自己身体的优点。这一点合情合理:当我们看自己的时间越久,我们就越会注意到自己的缺点。

如果你希望对自己和自己的外表产生良好的感受,下面这条建议能够帮助你走上正轨：一整天不照镜子，也不去考虑自己的长相，然后看看你会有怎样的感受。你是否会感到自由？你从这样的状态中学到了什么？你是否觉得他人对你的反应有所不同？你是觉得自己更年轻了，更衰老了，还是与之前一样？

形体问题

正如我之前所说，对自己外表的极度焦虑是躯体变形恐惧症的症状。有躯体变形恐惧症的人会过分关注他人不会发现的外表缺点或生理缺陷，这种人常常认为自己其貌不扬，这也是他们逃避社交或进行整容的借口。这种障碍也会导致不健康的习惯行为，例如不停地自我挑剔或经常照镜子。

对中年女性来说，躯体变形恐惧症和进食障碍有相似之处。玛戈·梅因（Margo Maine）博士在她的著作《关于身体的谣言》（*The Body Myth*）中写道："当我们提到进食障碍或躯体变形恐惧症的时候，我们想象中的形象是个年轻人，可能是个少女或刚刚成年的年轻女性，我们很少会去想象一个衰老的脸庞。然而越来越多的中老年女性承认她们过于追求体型和饮食，并希望寻求专业帮助。"

塔玛拉·普赖尔（Tamara Pryor）和肯尼思·韦纳（Kenneth L. Weiner）指出，患有厌食症或暴食症的中年女性可能有过长期不满自己的身体形象，并在青春期或得重病后出现进食障碍的经历。更年期出现的生理和心理变化与青春期时类似，会增加进食障碍或过去病情复发的可能性，让中年女性的生活危机四伏。

一些专家把中年期的进食障碍称为"绝望主妇综合征",这个名称来自热门电视连续剧《绝望主妇》(Desperate Housewives),刻画了几位四五十岁、苗条又充满魅力的中年女性。我并不认为进食障碍是电视中的形象导致的,其实中年期的进食障碍是源于对衰老的恐惧和焦虑,而且我们相信衰老意味着要努力保持魅力。这会导致对肥胖的恐惧。中年厌食症或暴食症患者认为,她们想控制自己的外表,因此导致了不健康的饮食问题。她们认为令人满意的外表、体重和饮食能够减轻自己的压力,并为她们解答一些残酷的问题:她们的自我价值和对他人的价值如何。

很多进食障碍的治疗方法取决于患病的严重程度,治疗方式包括门诊治疗、密集门诊治疗、半住院治疗、寄宿治疗和住院治疗。关键在于寻求专业帮助。虽然进食障碍的治疗面临各种挑战,但是中年女性可以将自己的成熟、洞察力和生活经验运用到治疗过程当中。中年女性也会更深刻地意识到进食障碍的危害,这是治疗的重要动力。经过恰当的护理和治疗,严重的进食障碍能够得到成功治疗并痊愈。

魅力源于自省

虽然我们无法和年轻时的自己一样漂亮,但我们依然希望改善自己的外表,想要解决一直困扰着我们的问题。你可能一直希望拥有细长的胳膊、更丰满(或更小)的胸部、整齐的牙齿等。你也可能担心自己的体重。如今,整容手术、牙齿矫正手术和抽脂术是打一个预约电话就能解决的事，但它们不会使你感觉更好。更困难的任务是，你要知道自己为何对外貌产生这样的感觉，你为什么想看上去不一样，你想做出什么改变。问问自己下面几个问题。

- 我如何看待自己的外表？这对我有帮助还是有坏处？写下你常常对自己说的话。如果这些话让你感到受伤，那就看看能否将其换成积极、真实的评价。例如，你可以把"我讨厌自己的大腿"换成"我正在努力锻炼，改善包括大腿线条在内的体形"。
- 我是否因为外表而孤立自己？这是不是我逃避世界的方式？这是不是我不安全感的表现？如果你的表现符合上述任何一种情况，那么你需要认识一个心理学术语"焦点效应"。它指的是我们认为所有人都在关注自己的缺陷（出现在青春期的真实反应）。事实上，人们都忙于关注自己的缺陷，并不会注意到你的。把这个压力卸掉吧，请记住这个事实。
- 我不喜欢自己什么地方？我能够实现什么样的进步？首先，你需要弄清自己对外表不满意的真实原因。这是对自己外表负责的表现。也许你需要给自己一些严厉的爱，进行干预治疗。告诉自己，这种状态在阻碍着我，如果我想获得更好的感受并减少焦虑情绪，我必须相信自己能够做出正确的改变。然后，为所有你想改变的地方列出实际的计划。

行动是无力感和麻木的解药。向你想去的方向迈出第一步就已经成功了一多半。如果你决心拥有美好的中年生活，那就选择你可以立刻采取的三个行动，来改变你的外表和感受。正如前几章所说，正确的饮食和锻炼加上良好的休息是理想的开始。水果和蔬菜富含水分，能够使你拥有更年轻的外表。在饮食中加入一些健康脂肪不仅会使你的皮肤更光滑，而且能使你的头发和指甲富有天然的光泽。

当你相信自己可以做出这些改变的时候，你的焦虑就会消失得无影无踪。请记住，焦虑只是失去控制能力而产生的感受，而当你通过行动证明自己可以掌控生活的时候，你就能开始重新树立自我意识和自信心了。

护肤二三事

你选择的生活方式会通过皮肤的状态体现。2009年的双胞胎研究证明，环境因素对外表的衰老程度有影响。研究表明，身体质量指数略高的一方在40岁前外表较显老，但到40岁后就成为更年轻的一方，发量也较多，而55岁后对比更明显（这是你不用过分担心体重的原因之一，尤其当体重处于正常范围内时）。受日照时间更长以及常年抽烟的一方更易衰老。使用过激素替代疗法的女性更年轻，但是服用过抗抑郁药的女性更显老。抑郁除了会使人的面部表情更为悲伤而导致衰老外，某些缓解抑郁的药物也会使眼部肌肉松弛而导致下垂。不饮酒的女性比饮酒的双胞胎姐妹看上去更年轻。离过婚的女性比处于婚姻关系中的和单身的双胞胎姐妹平均老 1.7 岁——也许是因为她们的压力和抑郁水平更高。

虽然我们不能删除过去的行为，但是我们可以尝试减少伤害。女性拥有不计其数的方法可以延缓或改善衰老进程，这些可能是我们此前从来不知道的。科学和商业正携起手来，为想要呈现最佳外表的女性提供颠覆性的选择。找到这些机会非常重要，因为我们没有必要放弃自我，过早地面对衰老。事实上，当你呈现出最佳的外表时，你的感受也是最好的，这其中有着不可否认的关联。当你喜欢自己的外表时，你就拥有了更多自信，并感到自己更加美丽和强壮，这会影响你为人处世的方式。

最新的研究证明了我的观点。西恩·贝洛克（Sian Beilock）在其著作《身体如何了解大脑：物质环境对思维和感觉的神奇力量》（*How the Body Knows Its Mind: The Surprising Power of the Physical Environment to Influence How You Think and Feel*）中指出，虽然我们知道大脑影响着身体，但同时身体也对大脑有着强大的影响。在特定的环境中，我们的身体会通过向大脑实时传送我们对自己的看法来影响我们的思维。因此，如果你对自己的外表很满意并对自己充满信心，那么身体发出的微弱信号会强化你的积极体验。

探索新的护肤方法

美容产品能够带来意想不到的除皱、塑形和其他改变外表的功效。为了让外表更年轻，你需要做到的一件事是找到刺激皮肤最外层下具有保护作用的纤维——胶原蛋白生长的方法。胶原蛋白具有弹性，能将组织和器官连接在一起，不断生长并修复破损的细胞。随着年龄增长、受到光照和辐射，胶原蛋白的生长逐渐停止，而且质量也逐渐下降。你会发现自己的皮肤失去了往日的弹性。你可以通过食物（富含维生素 C 的水果、蔬菜以及瘦肉蛋白）和多种皮肤护理方法来补充胶原蛋白。

说起皮肤护理，预防永远是最佳疗法。期刊《内科学纪事》（Annals of Internal Medicine）于 2013 年发表的研究表明，每天使用防晒霜的人明显比不使用的人皮肤更有弹力、更光滑。坚持使用防晒产品的人皱纹更少，皮肤衰老得更慢。另外，局部护理和护肤产品能够恢复胶原蛋白的生长。另有研究表明，柳树皮中提取的化合物——水杨苷能够调节"年轻基因组"，产生更年轻的基因表达，在恰当使用时还会逆转皮肤衰老的趋势。

大多数皮肤科医生会提供光子嫩肤、填充手术和注射肉毒杆菌来消除中年的皱纹。多丽丝·戴（Doris Day）博士表示，肉毒杆菌和磨皮术如果实施不佳，反而会出现副作用。肉毒杆菌注射或磨皮术不需要长期进行，只接受一次手术也是有效的。戴认为有些平价的护肤品与昂贵的名牌护肤品一样有效。她告诉我，她认为玉兰油和露得清是很好的选择。

还有一些平价的设备能够改善你的皮肤。光照疗法是个令人惊喜的平价选择。Z. 保罗·洛伦克（Z. Paul Lorenc）博士是 La Lumière LLC 的首席医学和科学官员，同时也是一名专业的整容专家。他发明了一种抗衰老的光疗面膜仪 illuMask，沃尔玛售价不到 30 美元。这项技术采用了特殊波长的 LED 灯,能够使皮肤更光滑,减少细纹,改善皮肤的整体状态。这种光疗仪具有阳光的治愈作用,但是去除了有害的紫外线。其光线能够刺激皮肤细胞再生,使皮肤更有弹性,使人看上去更年轻。洛伦克博士认为,有一天我们将拥有一台更先进的光疗仪,能够使衰老症状完全逆转。到时我一定会报名参加那种治疗。

我注意到的最有趣的现象来自纽约皮肤科医生玛克琳·亚历克希德斯-阿门内卡斯(Macrene Alexiades-Armenakas)博士的描述,她指出,来找她看病的典型中年患者正在追求更好的中年外表。这些女性不想拥有造作的年轻状态。她的这些身为职业女性的患者认为,仅仅看起来年轻并不是她们需要的正确状态。

发掘你的性感一面

有一天,我的患者塔尼娅闯进我的办公室,沮丧地说:"我和丈夫结婚多年,我们努力工作,抚养了三个优秀的孩子。可是如今每一天我都觉得疲惫。我觉得自己不再性感了。我担心丈夫会离我而去,除非他也觉得很疲惫。我觉得自己让他失望了,更重要的是,我对自己很失望。"

塔尼娅说出了很多中年女性的感受。我们的自我价值在很大程度上受到我们的吸引力和我们眼中自己对他人的吸引力的影响。无论性向如何,女性都希望自己具有魅力。一些女性在中年时会开始担心自己对男性没有吸引力了,或者认为只有苗条的女性才有人爱或能够找到爱人。单身的中年女性会担心自己在与年龄只有她们一半的人竞争，没有男性想与她们交往。在这样的情况下，我会让我的患者观察周围的情况，并进行非正式的调查：是否只有最美丽的人能够找到幸福、关爱和令人满意的恋情？我听到的答案永远是否定的，因此我提醒她们，爱情并不只会降临在美丽的人身上。任何身高和体形的人都能找到真爱，爱情并不是只为年轻漂亮的人准备的。

首先我让塔尼娅关注的是她认为自己性感的地方。我们谈论了她最后一次认为自己性感时的情况，并讨论了应该如何做才能恢复到当时的状态。最终，我建议她找到一位拥有她理想中外表的偶像，并能够对其进行学习和借鉴。这就像是一种重新思考自我的过程。对任何人来说，性感都不是与生俱来的。我交给她一项任务：找到一些她认识的拥有性感外表和风格的女性的照片。

在我们接下来的会面中，塔尼娅拿来了她的朋友艾莉森的很多照片。我非常惊讶，因为塔尼娅告诉我美丽性感的艾莉森比她大8岁。我们像私家侦探一样仔细观察了照片。她的服装、化妆品、发型和体形对塔尼娅有启发吗？我发现，女性选择的偶像都是在某些方面与自己相似的人，或许是外表，或许是思想，又或许是人格，肯定有相似之处。

我让塔尼娅描述一下自己与朋友艾莉森的相似之处。深层次的问题是，塔尼娅如何通过借鉴艾莉森的外表来完善自己？然后我解释道，如果她想对自己产生良好的感受，那么她就需要做些什么，哪怕只是微小的改变。如果她想和朋友看上去一样，那么她需要减肥，但是同时，她可以找一条同样的裙子，做一下头发，或是买一支新口红。塔尼娅意识到，如果她对自己的外表更加关注并多花些心思，她性感的一面就会大放光彩。

在中年期，女性可以摘下"魅力只在特定年龄或以特定方式存在"的标签。中年期的真正目标是找到自己，接受并拥抱自己的美丽和性感。魅力的一部分来自于你承认自己的能力，了解如何利用它们，并以自己的独特之处为豪。最开始，你可以先找出你对自己的什么地方感到满意。每个人身上都有自己满意的地方。就算是最没有安全感的女性，对自己的外表都有满意的地方。如果你从自己满意的地方开始，那么你就可以将其发挥到极致，并开始改善你的外表。

照照镜子，看你能不能找到你自己外表中的独特之处。这种独特之处可能只是你的眉毛，只要你能找出并承认它，告诉自己你有多喜欢它。然后给自己写一句真情告白。写一些正面的话，例如："我喜欢我的＿＿＿＿，我很美丽。"你甚至可以用一句激励的话来帮自己找到正确的状态。我喜欢戈尔达·迈尔（Golda Meir）的一句话："相信自己。让自己成为你一生都喜欢的样子。"或者用一句你喜欢的名言，把这句话放在你每天都能看到的位置，并在需要的时候大声朗读出来。一直这样做，直到你认为自己已经成为自己的最佳伙伴。

我们经常在照镜子的时候觉得自己很糟糕。当我出现这样的情况时，我会关注自己的缺点并尝试改正。重要的是有能力寻找到你内心的美丽。有的时候，这与通过一种简单的美容方法做保养一样容易。没什么特殊的，你只需要提醒自己，你值得为自己投入时间和精力。向自己的大脑传送"你值得的"这个信号能够改善你对自己外貌的感受——我喜欢将其称为你的"美丽自尊"。

我用这个方法的目的是让自己感觉更美丽、更有魅力，对我来说，一开始就是简单的洗澡或洗头，因为干净是一个好的开始，不是吗？如果我还是不开心，我会穿上舒适而不是时髦的衣服。那通常是些朴素的服装，这样我可以戴上一些华丽的珠宝。然后我会在化妆上多花一些心思。首先，我会注重眼部，涂上睫毛膏，让睫毛尽可能长一些，然后我会涂上自己最喜欢的无色唇膏。如果我真的觉得热情高涨，我会穿上一双高跟鞋。因为我比较矮，所以我总是觉得高一点儿会感觉更好。

当我的患者们对自己的外表不满意时，我鼓励她们再看看自己的衣柜、发型和妆容，并进行一些修改。

穿出你想要的生活

作家特丝·怀特赫斯特（Tess Whitehurst）在《神奇的时尚达人》（*Magical Fashionista*）中鼓励中年女性，用服装和时尚来作为自我激励的方式。她认为就算没有什么特别的地方，我们也不应该错过每一天的美好。穿衣打扮并不仅限于特殊的场合。她还建议道，我们应该按照自己想要的生活穿衣打扮，并把时尚当作表达内心渴望的方法，无论是想找一份新工作，还是希望开始一段新恋情，或是仅仅想拥有美好的一天。她和我都认为，对服装的选择是使我们达到身心和谐的有力方法。

怀特赫斯特提醒我们，我们感觉更好的时候，会做出更加正确的选择，更有自信，而且会从他人那里得到更多的尊重。第一步就是扔掉那些不适合你的衣服。把不合身的、难看的或因为某种原因让你不开心的东西统统丢掉。这些衣服会拖你的后腿。时尚是每个女性都能获得的东西，无论你的预算有多少。花些时间找些能够展示出你的身材、深藏的魅力和会让你显得年轻的衣服。享受你的选择，并确保把自己打扮成你想成为的样子。你的穿着并不仅仅是给别人看的，也是给你自己看的。

青少年喜欢保持新鲜，追赶流行，尝试新事物。他们抓住机会找到自己的风格，而且会关注能够突显他们年轻与创造力的流行趋势。凯伦·潘恩（Karen Pine）在《精心穿着》（*Mind What You Wear*）中写道："当我们尝试不同的服装时，我们可以丰富自己的生活，学会更加享受自己的穿着，尝试我们之前从未尝试过的东西，而且尝试与我们平时风格相反的服装能让我们的目光变得长远。你的大脑不仅喜欢中规中矩，也喜欢新奇的事物。当我们尝试新鲜事物时，大脑的奖赏中枢会受到刺激，并使我们获得快乐。"在中年期，你可能会有自己喜欢的特定风格，你可能经常选择特定的颜色或图案。但是，如果你愿意追逐流行和新鲜，那么你就会感觉年轻，因为你一直愿意尝试新鲜事物，这会使你的心态保持开放和变通。

"性感"是任何年龄的女性都可以进行的精神游戏。看看麦当娜吧：中年的麦当娜和过去一样性感和迷人。如果你想穿着性感，那就去做吧。不管你是40岁还是65岁，只有当你认为自己的穿着不适合自己，没有真实地面对自己时，它才是不恰当的。每个女性都有权利以自己适合的方式变老。想要通过穿着来展示自己魅力和性感的女性不应该因为人到中年就躲在家里。中年的美丽之处在于，我们已经不用在乎是否有人不喜欢我们的穿衣风格了。

紧跟流行，表现个性

你的外表影响着你的生活经历和你对自我的感受，同时也会影响你与他人交往的经历。如果你一直是老样子，尤其发型总是不变，你就会越来越糟糕。你已经不是二三十岁时的那个你了，为什么还要保持一样的外表呢？也许是时候接受新的自己了。我们应该呈现出不同的样子，有时是语言无法表达的个性上的改变——改变发型和妆容就是好方法。

做一个新发型并更新一下妆容，你会变得更快乐。这并不需要付出昂贵的代价。演员朱丽叶特·刘易斯（Juliette Lewis）在《纽约时报》上分享了她中年美丽的秘诀，这些方法非常简单易学。她所有的化妆品都是在全食（Whole Foods）有机超市购买的，她喜欢 Raw Beauty 的天然化妆品，而且经常在头发上和全身抹椰子油。现在你可以一站式购物了！

你可以成为自己的艺术品，尝试不同的样子、妆容和发型。传统的观念是，你超过某个年龄后，就应该把头发剪短。这个观念早就过时了，因此抛弃它吧。尝试一下烟熏妆又有什么关系呢？就算新尝试失败了又能怎样呢？要敢于接受新鲜和流行的事物，现在，你已经无须得到他人的许可来改变外表了。

你认为适合自己的决定，就是正确的。美丽就是对自己的赞同。中年的我们习惯说不：我做不了这个，我做不了那个。我不应该穿这个，它太紧了。我不能接受那个，我没有时间。我不应该买这个，我应该把钱用在别的地方。如果你总是拒绝，就会把自己的生活封闭起来。是不是有些事情应该拒绝呢？那是当然的，但有些事情也是值得接受的。

向青少年学习：找到你的灵感之源

青少年会从他人那里寻找灵感。他们为自己认为漂亮、有魅力的人或物制作贴画、海报和拼图，这些东西能够激发他们的时尚和审美意识，让他们充满创造力，发现自己想要成为的对象。你可以向他们学习。比如看看他们剪贴本上的一页、社交网络的收藏，或者是实体的笔记或文件夹。你可以在网上收集能够激励或吸引你的照片。不要把注意力放在美丽的女性身上，而要关注她们与你年龄相仿的事实。然后，分析你看到的东西。观察你感兴趣的东西，比如你喜欢的时尚风格等，这个方法不仅能帮助你发现适合自己的风格，而且能让你找到更好的新风格。现在，让自己被你收集的东西包围吧，这能激励你尝试不同的想法，改善你的外表，而且能帮助你找到崭新的自我。

然后，选择一位美丽、自信的女性。不要选择仅仅拥有你想要的容貌、头发和体形的人，而是选择一位自信、性感、时尚而优秀的人。你为什么注意到她？她的姿态和表情是什么样的？她是如何保持体形的？她与他人交谈时是如何做的？现在闭上眼睛，想象自己用她的方式做事和说话，是一种什么样的感觉？你正穿着什么样的衣服？你是微笑着的吗？现在，想象你就是那个自信的人。你的所作所为会有所不同吗？像这个人一样生活会如何影响你对他人的态度？你会在某些事上更有勇气吗？

中年榜样

我的母亲

我的母亲海伦妮一直对我的人生有着巨大的影响，原因之一是，她一直为我提供智慧的好点子，尤其是在谈论美丽这个话题时。年轻并不总是等于美丽，作为我的美丽导师，我的母亲告诉我，衰老可以意味着更加美丽。我在童年时并不认为中年是失去美丽的时期，中年在我看来只是美丽、精彩和性感的另一阶段。

海伦妮一直是时尚达人。75岁时，她仍然相信当时她处在状态最好的年龄，而且她仍然穿着最新款的服装。我还是个孩子的时候，她化妆和做发型的时候总是让我深深地着迷。离开家之前，她总是把一切都打点得很好，假睫毛和又黑又长的头发在人群中鹤立鸡群。在我十几岁大的时候，她就像奥黛丽·赫本（尤其是结婚照上的赫本）和马洛·托马斯（Marlo Thomas）（在《那个女孩》[That Girl] 中的形象）的结合体。

但是，在我母亲的美丽哲学中，我最喜欢的是她对待衰老的态度。她从未将其当作一个问题。我从没有听过母亲说"现在我已经走下坡路了"或者"天哪，我老了"。她感激、喜爱和欣赏任何年龄的自己。上帝保佑她！我母亲喜欢所有好看的装扮，无论是15岁还是60岁，而且她总是能第一个看出他人的美丽之处。我很幸运她把能够发现任何年龄的美丽这个能力遗传给了我。

最近我问母亲，她是否曾经有自己默默无闻的感受。她说也许偶尔与陌生人在一起的时候，有人会觉得没有与她聊天的必要。但是，她说她从没有在对她来说重要的人身边有过不受重视的感觉，包括她的孩子、家人和朋友。我的母亲知道如何充满热情地生活。她享受每一分每一秒，尤其是当她与心爱的人在一起的时候。她的生活态度让她的外表和内心富有感染力、永远年轻美丽！

岁月印记也是一种肯定

虽然我们对自己外表的看法会影响我们的生活，但是我们还是应该找到外表之外其他的方法来自我肯定。没有什么比自信的态度更有魅力了。一个自信的女性不会输给房间里最美丽的女性。自信影响着我们的谈吐和举止，能带给我们内心的光芒和外表令人惊叹的魅力。

能否得到满足感，要看你的生活是否与你的价值而不是外表相匹配，我知道这听起来有些矛盾。你在做自己想做的事吗？你是否处于亲密关系之中，身边是否有支持你的人？你有目标吗？如果你的生活具有意义，而且有能让你讨论自己感受的小团体，你的容貌、体形和生活中的常规改变会更容易发生。认为自己被需要的女性更少受到外在美的影响。

服装设计师黛安·冯·芙丝汀宝（Diane von Fürstenberg）在《我想成为的女性》（*The Woman I Wanted to Be*）中写道："在我衰老的脸上，我看到了自己的生活。……我的脸庞反映了我一路经历的风风雨雨。我的脸庞承载了我所有的记忆。我为什么要删掉它们？"这个想法令人惊喜。黛安·冯·芙丝汀宝是越老越优雅和自然的榜样。衰老能使我们更优秀、更有智慧而且更迷人。你度过的每一年都在使你成为你自己。你现在的想法可能与几十年前的有所不同，但是谁又能说不同就意味着变坏而不是变好了呢？请记住，你在变老的过程中，也可以继续找到自己真实的魅力和美丽。

我喜欢苏珊娜·萨默斯在接受我的采访时提出的想法。她说："如果你对你目前身上岁月的痕迹没有认知，那么你也不会知道自己以后有多苍老。"苏珊娜在69岁时仍然光彩照人，而且她从不认为变老有任何消极意义，而你也不应该这样想。

第七章

找到真爱

我的患者布拉德一直是个非常善于和女性打交道的男人。她们喜欢他,而且原因不难看出:他将近50岁,却依然帅气且聪明,整体上看很成功。他结婚时怎么也没有想到,自己会在7年后并有了两个孩子时重新谈恋爱。

布拉德是在婚姻解体时来见我的。尽管还没走出离婚的愤怒,但他仍然准备好了认识新对象。我们讨论这一次他准备寻找什么样的女性时,他的思路很清晰:他想找一个与他年龄相仿的女性。我问他为何如此坚定,他说:"年轻女性想找身穿闪耀盔甲的骑士。她们的期待太高、太不切实际了。与我年龄相仿的女性对于什么是真正的感情、应该为感情付出什么有着更清楚的认识。她们更实际、更成熟,而且一样性感。"

我告诉布拉德,他的直觉非常正确。最终他遇到了一位45岁、带着两个孩子的单身母亲,现在他们组成了一个大家庭,幸福地生活在一起。

最近的研究表明,布拉德的选择在中年男性中很常见。《情圣难为》(*Challenging Casanova*)的作者安德鲁·斯迈勒(Andrew Smiler)博士认为,虽然男性在寻找短期恋爱对象时更喜欢年轻女性,但是95%的男性在考虑长期交往对象时更喜欢找思想和文化背景与自己相似的同龄人。他们想要一个搭档、一个伙伴。但是更重要的是，他们寻找的特质只有中年女性才具备：经验、自信和智慧。而且男性也认为，与同龄人的性爱会更和谐。《数据灾难》(*Dataclysm*)的作者克里斯蒂安·拉德（Christian Rudder）在调查女性在相亲网站OkCupid.com上的偏好设置时发现，中年女性对待性的态度比年轻女性更积极。这对不同性向的所有中年女性来说都是个好消息，因为拥有满意的性生活是让中年女性感受到年轻的最重要的途径之一。

布拉德和其他与他经历相似的男性证明，爱情不是年轻人的专利。美好的爱能够发生在人一生中的任何时期，无论是在一段恋情之中还是在寻找一段新恋情的过程中。但是，许多观念传统的女性认为，人到中年，已经来不及寻找真爱了。许多人希望我能够帮他们解决婚姻中的问题，改善不健康的交往方式，或找到人生伴侣。这些女性常常感觉自己被困在婚姻中，或者被锁在了外面，她们不相信事情会发生转机。

当我与这些女性接触的时候，我能够用事实快速地减轻她们的焦虑。实际上，越来越多的女性正在建立自己的中年爱情生活，有些是为婚姻重新寻找激情，有些是寻找新的爱人。她们发现在现在的年纪，自己仍然性感，仍然有爱的能力。在本章中，我们将一起探索为什么中年是女性重新唤醒爱情生活的正确时机，以及如何在恋情中找到你值得拥有的幸福。

中年感情生活

女性在社会中的角色不断变化，对待爱情和婚姻的看法也在不断变化。过去，女性的爱情观有着非常固定的时间顺序和结构：你应该结婚，组成合法家庭，你应该在年轻时结婚以孕育子女，而且只有一男一女才能组成有效的婚姻。今天，我们知道这些再也不是定义婚姻的要素了。同时，女性在过去可能会对一个与自己脾气相投的人很满意，会一直照顾丈夫，并能够接受一直扮演家庭主妇和全职母亲的传统角色。

我们这代人有着不同的爱情观。《纽约时报》专栏作家、《为了更好：良好婚姻的科学》（*For Better: The Science of a Good Marriage*）作者塔拉·帕克-波普（Tara Parker-Pope）发现从"X 一代"开始，夫妻对婚姻有着更高的期望。这一代女性不是要嫁给一个能养家的人，而是要找一个完美的生活伴侣。男性和女性都希望配偶是自己的灵魂伴侣——在需要时陪在身边而且能够认同他们的感受和想法的人。他们想要一段愉悦、令人满足的经历，其中包括个人的满足，例如在恋情中感到快乐。这种对情感联系的更高要求来自女性的经济解放和独立。

女性到中年时自然会对自己究竟想要什么产生疑问。中年使她们开始重视自己想成为什么样的人的希望。她们的角色以及对自己看法的变化会转移她们的重心，她们现在希望从恋情中得到的东西与之前可能有所不同。每个女性为自己的恋情设立的目标都有些像一个清单，而且目标会随着年龄增长发生变化。"我是否后悔嫁给他"和"我做的选择正确吗"是中年女性常有的想法。

相同的角色变化也发生在男性身上。虽然他们在生理上对能够为他们孕育下一代的女性感兴趣，但他们同时也对有赚钱能力的女性感兴趣。我注意到中年男性在恋爱中有一个明显的变化，那就是他们发现自己并不是唯一承担经济压力的人。我遇见过许多中年男性，无论是正在寻找对象还是已婚，都希望自己的人生伴侣有养家的能力。同时，在结婚之前，他们希望了解女性的消费习惯和收入水平。

一些心理学家认为，任何年龄的女性都希望和男性有情感联系，不幸的是，大多数男性没有能力提供这一点。理想和现实之间的差距使女性感到失望，而中年期的女性愿意分享她们的感受。面对更长的余生时光，一些女性开始思考：这不是我所希望的。我以后还有很长的人生，我希望能有些不一样的东西。婚姻中的爱情去哪了？而男性通常对这样的抱怨感到困惑，并认为自己的妻子要求过多，他们觉得自己的努力没有结果，或者妻子对自己有着不切实际或不公平的期望。我们的确把自己最高的期望放在了我们所爱的人身上，而这些期望会在中年时造成婚姻中的摩擦和冲突。

然而，也有许多好消息。我们这一代人成功地延长了年轻的时间，因此我们能够晚一些步入婚姻。这样的婚姻的成功率会越来越高，这就意味着中年女性能够与自己的伴侣一起解决问题。《家庭心理学》（*Journal of Family Psychology*）的研究表明，夫妻双方如果在25岁后结婚，离婚的可能性会大大降低。塔拉·帕克-波普认为，延迟结婚意味着许多脆弱的恋情会在婚姻到来之前结束。离过婚或一直单身的中年女性在四五十岁甚至以后仍然能够找到真爱。事实上，越来越多的人到了中年才结婚。这样的婚姻关系反而更好，因为我们了解自己，知道自己想要什么。最好的情况是，我们想要的东西能够带来健康的婚姻关系，例如能够成为好伙伴、朋友和父亲的伴侣，而不是过于浪漫的恋情，我们想要能够花时间照顾我们的伴侣。

诚然，恋爱不是获得幸福的唯一方式，但是美好的恋情能够带来很多积极的影响。首先，一段稳定的恋情能够使你完善自己，或者成为你想成为的人，能够支持你发展兴趣，激励你实现目标。爱情还能让你从不同的角度观察世界，使你拥有更清晰、更健康的视角：例如，你不再认为自己是个无能的受害者，而是拥有许多选择的有价值的人。

我知道步入中年的你能够在爱情中找到你想要的东西。你在生活中获取的智慧能够改善你的爱情生活，或者找到符合你内心深处真实渴望的新伴侣。关键在于要摆脱那些阻碍你前进的恐惧、误解和谎言。然后你才能正确认识自己，并找到改变想法和行为的方式，获得你一直梦寐以求的爱情生活。

完美恋爱需要你主动付出

48岁的黛安第一次来见我时，正在经历失意、绝望和愤怒的日子。她刚刚与相恋多年的男友在突然之间结束了恋情，她曾把那个人视为一生的爱人，突然的失恋使她的生活支离破碎。对方结束了与黛安10年的恋情后，与另一个人订婚了。黛安觉得自己注定要孤独、悲伤地度过余生。深受打击的她绝望地认为自己不会再快乐起来，也不会再次找到爱情。

我帮助黛安缅怀了她的恋情，然后开始纠正她对自己和未来生活的错误想法。通过质疑她的固执思想，我们一起深入研究了她对于在中年期寻找爱情的消极观点。她表现出对被拒绝的极度恐惧，并对她生活中出现的人怀有不切实际的期待，这些因素和她的消极情绪一起使她难以接受这个事实：我们在生命中的任何时间段都可以疯狂地陷入爱情之中。我们谈论了一些她认识的人，这些人都在中年时成功地找到了真爱。她也认同这些人在很多方面与自己别无二致。事实上，在我们的治疗中进行过深入思考以后，她认为自己要比那些她认识的人更具有奉献精神。具备了这个新观点后，她开始更积极、自信地看待自己。这为她的生活和未来带来了巨大的变化。

接下来，我们挖掘了她的一些优点。她告诉我："我很幽默，在工作中异性都很喜欢我。"随着列举出的优点越来越多，她渐渐想起自己曾经与男性相处得很好，因此对自己的看法也发生了变化。虽然她对自己的未来并不总是充满希望，但我告诉她不要被自己的恐惧绊住脚。我让她按照自己的计划，而不是自己的情绪生活。她决定接受我的建议，努力找到真爱。她注册了交友网站 OurTime.com，没过多久就找到了一位符合她全部希望的男人，之前她从未想过自己会找到这样一个人。两人开始约会，几个月后，他们的恋情就达到了十分稳定的程度，这也是她之前从未想过的。

每一位女性都会在中年期经历黛安经历过的痛苦和挫败。感情生活并不总是一帆风顺的。与自己和平相处并愿意时时刻刻与自己做伴已经够难了，更不用说与另一个人在一起。是什么让我们认为我们的伴侣将是我们愿意与他永远在一起的那个人呢？

不顺利的恋情通常是个人的不幸引起的。如果你的感情生活出现了问题，那么你首先要在自己的身上寻找原因。你个人的负担可能会影响你对恋情的满意程度。其影响范围很广，从你选择的人和你认为自己应该拥有的对象，到你的恋爱感受，甚至是对最完美的恋情你也可能有不满。当然，一份不尽如人意的恋情也会影响你个人的情绪满意度。

当我治疗婚姻不幸或正在寻找新爱情的中年女性时，我首先会问她们几个问题。通常，她们的答案会明确地表达出她们对自己的看法。下面这些问题你同样可以问问自己，无论你是单身还是处于一段恋情之中。处于恋情之中并不意味着你对想象中的恋爱关系失去了追求。

- 我追求的是什么样的恋爱关系？
- 过去失败的原因是什么？
- 我希望一段恋情为我带来什么？
- 我自己的哪些优点是不为外人所知的，那么我如何才能让他人了解这些优点？

这些问题能够让你认清自己想从恋情中得到的东西，其中包括你最深层次的需要和愿望。

中年婚姻的真实状态

中年期的婚姻可能是舒适、亲密的，有时也可能是不够独立、功能失调甚至单调乏味的。一些处于长期恋情中的女性可能会渴望更多：更多的浪漫、更稳定的财政状况、更强的同理心以及更多的刺激。当我们把另一半的付出看作理所当然，或是两个人过着平行线般的生活时，婚姻就会出现问题。而一旦孩子成为唯一的关注点，或孩子离开家以后，婚姻也会出现重大的转折。中年期，我们当父母的状态会对婚姻产生重要的影响。年纪轻轻就有了孩子的女性在孩子离家上大学以后，会与其他仍然在抚养孩子的女性经历全然不同的中年生活。

婚姻问题通常出现在中年期。经历了生理、情感和精神方面的透支后，中年的夫妻终于意识到，无论怎么努力，他们的婚姻都无法满足自己的情感需要。不满情绪出现得越来越频繁，而轻微不满变得越来越严重。一些人认为婚姻问题或广义上的婚姻不满与更年期有关，但是佩珀·施瓦茨博士认为两者并没有必然的联系。她告诉我："如果在中年期出现了剧烈的情感波动，说明在更年期之前问题就已经产生了，比如抑郁或婚姻问题。更年期出现婚姻问题的主要原因并不是雌性激素的下降。"

收入能力和家庭角色转变同样能够影响中年人的婚姻。施瓦茨博士认为控制好这些变化是婚姻美满的重要因素。妻子能否忍受丈夫挣钱比自己少？丈夫能否接受自己地位变化或妻子赚钱比自己多的事实？两人能否共同应对这个新状态？如果妻子认为自己嫁给了一个优秀的男人，并不在乎对方挣钱比自己少，那么她就会重新定义自己的重心，而不是选择离婚。

举个例子来说，我的客户丽贝卡喜欢大学教授这个新工作，而且并不觉得自己挣得比丈夫多有什么问题。她告诉我，过去她丈夫为他们的婚姻付出了很多，让她有机会成为一直想成为的全职妈妈。现在她比丈夫挣得多，但她并不觉得这个改变会使他们的关系破裂，而是将其视为提高生活幸福度的经济保证。

施瓦茨博士认为，中年期才开始婚姻生活，与处在第二或第三次婚姻中不同。后者要么冲突严重，要么更为包容。前一段婚姻中没能解决的个人问题会在后一段婚姻中显现出来。中年期不同的生活方式也会引发再婚后的冲突。然而，由于中年女性更为宽容，她们会在第二次婚姻中忽略无关痛痒的小事。地板上的袜子或洁癖不会导致婚姻破裂，她们会更宏观地看待生活。再婚的女性已经知道，没有伴侣是完美的。在中年期，女性会通观全局，并审视自己的感情生活，然后说：我认为我会保持住我所拥有的，不会让琐碎的抱怨影响自己的幸福，我为自己能拥有一个爱人和一段稳定的恋爱关系而感恩。

在中年拥有一段美好的婚姻意味着你获得了一些适合自己的特质。能够惹恼你的事情依旧会惹恼你，曾经惹恼了你24年的事情也许会继续惹恼你24年。但是，你已经具有忍耐这些烦恼的能力，因为美好的事情占据了你的内心。

《好婚姻：爱情如何以及为何持续》（*The Good Marriage: How and Why Love Lasts*）的作者之一朱迪丝·沃勒斯坦（Judith S. Wallerstein）总结了下面这张清单，探讨了婚姻究竟是什么。我认为它非常适合描述中年人的婚姻。

- 婚姻不是24小时开张的修理厂。你的爱人没有义务满足你的每一项需要。有一些需要你应该自己实现。
- 婚姻能够让你与你从小长大的家庭在情感上分离，并不是说让你与家人疏远，而是足以让你的人格与父母和兄弟姐妹的划清界限。
- 婚姻的基础是一份共同的亲密关系和身份，同时也要保留界线，以保护双方的自主人格。
- 婚姻常常需要你们扮演令人畏惧的父母角色。学会继续保护你与伴侣的隐私。记住，当你的孩子离家以后，家里就只剩你和自己的伴侣了。
- 婚姻是遇到不可避免的危机时共同应对的团体。
- 婚姻是避风港，伴侣可以在其中表达分歧、愤怒和冲突。
- 婚姻是最初的浪漫，是坠入爱河后的理想画面，同时也是历经时间的打磨后所要面对的现实生活。

中年婚姻关系中的遗憾

典型的中年婚姻问题都是生活的写照，失望会随之出现。我们如何处理婚姻中的愤怒和遗憾？拥有美满婚姻的人能够以正确的视角看待愤怒和遗憾，并保持实际、理性的心态。如果你的爱情生活不尽如人意，那么你应该审视自己的想法，转换思维，深入挖掘，找出你不切实际的假设的来源是什么。

例如，爱情中充满了我们信以为真但与事实不符的假命题，其中一个就是，正确的恋情总是美好、轻松、没有压力的。我们的文化传统也以对完美关系的刻画强化了这个谎言。我们不自觉地怀有对完美恋人的想象，无论是《灰姑娘》这样的童话故事还是现代电影《五十度灰》，都让我们混淆了欲望和源自真爱的吸引。电影和书籍永远将情感关系描绘得热烈、刺激，我喜欢形容这个现象的一个词，"情感上的色情片"。色情画面会使人产生不切实际的性期待，同样，只存在于想象中的爱情故事也会使我们的大脑对日常的爱情生活产生戏剧化的期待。一旦生活与想象不同，我们就容易怀疑是哪里出现了问题，而中年女性常常觉得爱情已经远离自己，所以是时候告别过去了。当现实的爱情被日常的琐碎，例如倒垃圾、付账单和打扫房间填满，它又怎么比得过情感上的色情片呢？

关于爱情的幻想常常反映了我们对另一半的强烈愿望，我们希望对方接近完美并满足自己的一切需要：一个既性感又是完美家长的形象。我们倾向于依据童年经历选择自己熟悉的伴侣，这就是为什么我们认为自己会娶像自己母亲的女性或嫁给像自己父亲的男性，或是选择复制自己父母的情感关系。这种理想化的形象也与我们从电影、小说和电视中接受的有关爱情的文化有关。我们总结并内化这些形象，而符合这些形象的伴侣最容易让我们产生爱情。可是当爱情没有发生时，我们就会产生怨恨和沮丧。

我们以为理想的恋情中不存在问题的这个想法正是问题所在。我们希望自己的伴侣与我们想象中的完全相同，这样两人才能和谐相处。当伴侣与自己的想象有所偏差时，我们首先想到的不是自己的期望过高，而是我们可能找错了人。这个结论常常出现，尤其是当我们没有获得"从此过上幸福快乐的生活"这个美好结局时。我们也常常会得到这样的结论：另一个人也许是更好的选择。

婚姻的真相是：婚姻只是让你结了婚而已。婚姻的基础是两个拥有各自需要的不同的人。有时需要得到了满足，但有时并没有,这意味着伴侣会不时地使对方失望,这完全是正常现象。我们是有缺陷的人,并与另一个有缺陷的人结合在一起,这就是为什么情感关系总是会出现问题。我们了解真实生活比想象中的要复杂很多后,就更容易原谅自己,也更容易原谅与我们相伴一生的那个人了。

我总是对我父母说:"妻子们时不时都有离婚的想法,这是正常心理。"愤怒和失望是典型的冲动现象,因为你正在应对另一个人的行为、需要或要求。但是,当你明白了情感关系的真相,并了解了想象是永远不可能成为现实的,你就会竭尽所能满足对方的需要。这是一种更好的心态和更现实的生活方式。你的情感关系并不是完美的,这就意味着它能帮助你成长,并使你成为一个更好的人。

女性也希望能够帮助她们消除痛苦并无微不至地照顾她们的那个人是自己的另一半。我们这样选择另一半的原因是,在某种程度上,我们认为对方能够满足我们的需要,甚至是我们的父母都无法满足的那些。情感关系给予了我们另一次机会,让我们寻找无条件的爱和完整。有时这种潜意识中的期望过高,会使情感关系出现危机,因为这种期望是无法满足的,因此注定会以失望收场。你想让某人承担这样的角色也在情理之中,尤其是在中年,但是没有人能够消除你的全部痛苦。当你明白这些以后,你会发现对另一半的失望变得越来越少,而且不会在对方身上附加不切实际的负担了。

让中年婚姻重回正轨

无论你喜欢与否,我们所处的文化都更推崇婚恋关系,满足伴侣需求。有一个能够关爱自己的人是一件非常令人喜悦的事情。而且，2013 年一项发表在《时代》杂志上的研究表明，在中年拥有一位伴侣是长寿的秘诀之一。研究人员认为，任何类型的、牢固的社会关系都是健康的秘诀之一。婚姻或任何形式的长期亲密关系——无论是与异性还是同性——都能延长寿命，因为亲密关系能够为人带来持续的情感和生理上的支撑。

只要愿意经营自己的婚姻，你就会得到收获。人们常常会在中年经历满足感的失落，而婚姻关系能够为中年生活带来明显的好处。已婚人士的失落明显较少。美国国家经济研究局认为，婚姻使人更加快乐，对生活更为满足——尤其是在压力最大的时候，比如中年危机时期。温哥华经济学院的约翰·赫利韦尔（John Helliwell）和加拿大财政部的肖恩·格罗弗（Shawn Grover）认为，在生活中问题不断的人最容易从婚姻中受益。同时，他们的研究还发现，把伴侣看作自己最好朋友的人从婚姻中获得的满足感是其他人的两倍。

当你第一次步入婚姻，并深陷情感关系中爱情的承诺中时，婚姻似乎并不是什么难事。每一段婚姻都有高潮和低谷，但是在最开始，它总是处在最高点。然而经过漫长的岁月后，尤其当人到中年，婚姻开始变得艰难起来，因为你不再以最佳的姿态对待婚姻了。事实上，你常常以最坏的态度对待它，因为你从婚姻中获得了安全感。这是我在写上一本书《直到死亡将我们分开：爱情、婚姻和谋杀配偶者的心理》（*Till Death Do Us Part: Love, Marriage, and the Mind of the Killer Spouse*）时得出的结论，该书记录了婚姻中最不堪的结局。绝大多数人不会走到这个可怕的地步，但很多恋人的信条都是："你和我是分不开的。现在你必须接受真实的我，接受我的全部。"真实地表达自我无可非议，但是只把你最坏的一面展现出来并希望其他人接受，即使对方是你的爱人，也是不合适的。

中年婚姻幸福的夫妻懂得如何面对日常生活，并对他们共同经历的过去无比自豪。大脑研究表明，我们大脑之中最为原始的反应中心——杏仁核能让我们在中年期更为乐观地看待生活。我们的大脑对我们喜欢的事物更容易产生反应。我们讨厌的事物会被大脑过滤掉。这也许就是人们普遍能够接受中年生活的酸甜苦辣，以及存在于一切情感关系中的缺陷和障碍的原因。

如果你准备接受中年期发生在自己身上的各方面变化，那么如何才能让情感关系保持活力和新鲜感呢？关于婚姻，最有帮助的一条建议是：找到你们可以一起做的事，并从中获得新鲜的知识和感悟。这件事不一定需要花费过多的财力物力，只要它不在你的日常安排中就可以。新鲜事物能够带来刺激，增进亲密度。

这项建议尤其适用于卧室。美国退休人员协会（AARP）于 2010 年发表的研究表明，45 岁以上的人中有将近 60% 认为性生活对良好的情感关系至关重要，只有不足 5% 的人认为性生活只与年轻人有关。性生活是健康情感关系中最重要的一部分，发掘出自己性感的一面，会坚定你认为伴侣对你而言正合适的信心。性代表着解放、生机和活力，释放自己性感的一面会使我们以最舒适的姿态度过中年生活。如果你正处于一段长期稳定的情感关系中，那么你至少已经和同一

第七章：找到真爱 | 175

个人做爱几千次了。因此变得性感些，增加一些创造性吧！

我们可以从青少年那里学到的一点就是身体接触的力量。青少年比成年人更愿意发生身体接触，对身体接触的反应也更为积极，而且这些接触并不总与性有关。你是否见过一群青少年挤在一起坐着看电视？他们本能地了解接触的益处。通过身体接触，他们舒服地相处，享受着在一起的时光，这也是他们特有的肯定生活和他人的方式。但是成年人与朋友的相处方式就有所不同了。遗憾的是，中年人羞于身体接触，甚至在私密情况下也是如此。他们压抑着这种社会联系。我并不知道其中的缘由，也许是因为压力，或者仅仅是因为我们口头联系和沟通的能力盖过了身体的。但结果是，我们否定了自我，给自己设定了太多的限制。在婚姻中，身体接触可以带来翻天覆地的变化，甚至不带性意味的接触也是一样。

中年婚姻幸福的伴侣更懂得互相欣赏。研究表明，感恩和欣赏能够提升情感关系中的满足感和伴侣之间的联系程度。同时，欣赏也能够增加我们个人的幸福感，提高整体健康水平，改善性生活。能够注意到对方的优点，并以理想而非贬损的方式与对方相处的伴侣会拥有更恩爱、幸福的婚姻关系（你思考一下这一点，就会发现它合情合理）。然而，懂得欣赏说起来容易做起来难。不要忘记我们消极的天性：我们会本能地感到沮丧，甚至沉浸在消极情绪中，因为我们常常关注生活中糟糕的一面，比起快乐，我们更容易陷入担心、悲观和失望的情绪之中。

如果你希望自己的情感关系越来越好，那么你应该刻意转换思维，学会欣赏美好的事物。而其中的关键在于，你要确定这些改变是显著而持续的。不妨问自己这样几个问题：我喜欢爱人的哪些地方？对方的存在，为我的生活带来了哪些改善？在这段情感关系中我要感谢的是什么？在愤怒或沮丧的时候回顾一下这些问题，试着找出你伴侣固有的优点。

这种欣赏也能够转化成美满婚姻的其他要素。处于稳定关系之中的中年夫妻也拥有共同成长的承诺。他们懂得如何尊重和珍惜自己的爱人，即使在自己愤怒的时候。他们懂得控制消极情绪以尊重对方。同时，他们还拥有熟练的技巧，能够发现幽默，说出自己的需求，并找到双方都能接受的方式来处理问题。

任何情感关系都需要被注入活力，尤其是当两个人已经在一起很长时间后。以下这些方法能够为你的情感生活增添能量，让你的婚恋生活成为你希望和需要的样子。这些方法能够让你改善和伴侣的关系，并让你对自己在情感关系中的角色产生新的期待。

重新书写你的爱情故事

有时我们会陷入自己的思维当中，以最消极的方式对待自己的爱情，总是产生失望的情绪。例如，埃莉只注意到自己对丈夫约翰有多愤怒，因为在家庭纷争中，约翰总是站在他母亲的那一边。埃莉开始怀疑自己嫁给了一个懦弱、不支持自己的男人。

消极的内心对话会产生负面影响，而且会使你对自己和环境产生糟糕的感受。打破这个循环的方式之一是重新建立一种新的自我认知方式。这个方法能让你主宰自己的生活，这样你就能书写一个崭新的爱情故事了。研究表明，写下真实的情绪有助于梳理思维。你会发现你可以通过客观的记录改变自己的思维，因为这种方法能够使你想起已经忘记或认为理所当然的事实。同时，这个办法还能让你摆脱受害者的心态，而且这也是一种有趣的办法。

无论你是单身还是处于一段长期的婚姻当中，这个办法对中年生活来说都是无价之宝，因为你可以借此摆脱对未来的无谓幻想，并彻底看清现实。用积极的态度客观看待自己的故事具有强大的作用。当你写下新的爱情故事时，你会发现自己的希望和梦想变得具体了。你会让自己变成女主角，并以更加体贴的方式找出情感关系中的积极方面，这能让你以全新的视角看待自己的情感关系。

例如，埃莉决定重新书写她的婚姻故事，写下对丈夫和情感关系的积极感受。她不再批评丈夫站在他母亲的一边，而是把焦点放在他是一位好丈夫和好父亲上，并回忆他们一起度过的有趣、幸福的时光，他们拥有许多朋友、一个幸福的家和各自满意的工作。她知道自己的丈夫是一个诚实、努力的人，任何女性都会为拥有这样一个男人而感到骄傲。在这样的新视角下，埃莉婆婆的问题几乎不再出现，而一旦出现，埃莉和丈夫也能共同应对，即使只是找出暂时的解决方案。

好好说话

温和地沟通是解决一切情感关系问题的关键，对中年人来说更是如此。探寻自己的想法并试图表达需求的女性，尤其是第一次这样做时，常常会伤害到自己的伴侣。有时，我们对自己爱的人态度很差，这是因为我们和他们在一起时最放松。举个例子，我的一位患者萨曼莎和丈夫相识时，两人都是21岁，而现在他们已经结婚23年了。萨曼莎告诉我，她认为自己拥有一份美好的婚姻，但有时她和丈夫的相处方式更像兄妹。这种亲密和熟悉让他们难以更友善地与对方相处。

我发现，拥有最美满的婚姻的人都了解，探讨问题的方式和问题本身同样重要。如果我们探讨问题的方式导致彼此疏远或出言不逊，那么我们解决问题的时候就会更加困难。虽说解决情感关系问题没有万能的方式，但是积极有效地沟通总是正确的，而且这样做才能让你的想法被对方接受。

时机就是一切。如果有一件事让你感到沮丧，那么就要找到合适的时机谈论它。人到中年以后，你应该已经知道什么时候和伴侣探讨问题比较好。最好避免在公共场合发生激烈冲突，避免在睡觉和做爱前，以及你压力过大或正忙于某事的时候讨论。

不要在冲突最激烈的时候讨论问题，等一两天再说。伴侣不会读心术（虽说察言观色的能力在中年期非常有用）。你可以指出对伴侣不满的地方，但就算过去的问题与现在有关也不要提起。把问题分成可以解决的几部分。而且要记住：你得到道歉以后就要努力让自己的愤怒平息。

避免攻击对方

婚姻不是为了批评或虐待而存在的。就算并非有意为之，我们也常常会在心情不好的时候让对方难堪。让对方感觉受到伤害对关系双方都没有好处。使用"我"或"我们"比"你"会让语言听上去少一些攻击性。看看下面的句子语气有什么不同:"我希望你能成为一个更负责任的家长"和"你太自私了,根本不花时间陪孩子"。承认你的不完美并在需要的时候道歉,会让你的伴侣感觉好很多。要让你的肢体语言传达出沟通的意向,表现出你真的在意自己的伴侣,并愿意聆听对方所说的话。保持眼神交流和面部表情的温柔。认真聆听伴侣对你说的话。用点头来表示肯定,并保持开放和放松的身体姿势。

当婚姻走到尽头

中年离婚率正在呈上升趋势。在超过50岁的美国人中,离婚人数首次超过了丧偶人数,而且由于人类寿命越来越长,这个差距也在越拉越大。我们的寿命使白头偕老的婚姻越来越少,并增加了离婚的风险。如今,大多数离婚都发生于妻子和丈夫处于45岁至54岁之间的时候。社会学家将他们称为"灰发离婚者"。

斯蒂芬妮·孔茨(Stephanie Coontz)博士等研究者发现,结婚25年以上的中年夫妻的离婚率越来越高。在一次采访中,孔茨告诉我:"共度一生的情况越来越少,因为和过去相比,我们对婚姻的期望越来越高,而当婚姻没有满足我们的期望时,我们拥有很多选择。女性对平淡的情感关系更敏感,或者说更缺少耐心,而且随着女性工作经验的增加和个人能力的提高,她们不再愿意'等待被淘汰'。同时,我们希望找到平等、亲密、友情、乐趣和激情,但是这些到了晚年才能获得。"

我们常常认为中年危机只发生在男人身上,认为他们会离开自己的妻子寻找更年轻的女性,但事实并非如此。有时女性的确是婚姻背叛发生时受伤害的那一方,但现在更多时候女性常常是选择离婚的那一方。《我应该嫁给他吗?》(Should I Marry Him?)的作者艾比·罗德曼(Abby Rodman)指出,中年离婚的案例中有70%是女性造成的。谈及原因,这些女性大多抱怨自己受到了心理或精神上的虐待。当妻子对婚姻失去了希望,就会产生消极的情绪,那么婚姻也就走到了尽头;但丈夫常常不会如此,他们常常选择维持一段不幸福的婚姻。

中年离婚会导致长期的经济问题,尤其会影响女性的财富积累。然而,佩珀·施瓦茨博士指出,80%的中年离婚女性不后悔自己的决定。施瓦茨博士认为,出现这个现象的原因之一是,女性意识到中年是她们能够与另一个人展开一段新情感关系的最后机会。人到中年后,当孩子们渐渐离开家,女性发现自己在情场上仍占有一席之地。

有趣的是,离婚后人们的生活满意度并没有明显提高。离婚后没有再婚的人的幸福感并不比处于不幸福婚姻中的人高出很多。然而,离婚后再婚者拥有程度很高的幸福感。

是否要维持一段婚姻,是由一套非常复杂的感受决定的,这种感受因人而异,千差万别。如果你的情感需要或婚姻期望没有得到满足,你就会开始思考你是否可以做得更好或希望有所改变。与此同时,你会更愿意这样说:这段情感关系是适合我的,只是现在的状态不适合我。我可以设定属于自己的规则，找到适合自己的状态。

回答以下的问题能够让你做出合理、情感健康的选择：

- 我的伴侣支持我吗？
- 我的伴侣是否在帮助我达成我的目标？
- 我的伴侣是否在为与我们的家庭有关的事情而努力？
- 当我遇到挑战时，我的伴侣是否陪伴或支持着我？
- 我与伴侣在一起时是不是处于最好的状态？

如果你对重新恋爱缺乏自信

杰娜是我最近的一位患者。她说："我47岁了，最近刚刚离婚。我最初的目的是摆脱自己的婚姻，但是现在摆脱以后，我不知道应该如何重新开始恋爱。我该怎么约会呢？我不确定自己对男性是否仍然有吸引力。"

我告诉杰娜，我遇见过许多和她一样的女性。首先，我让她明白她的想法是错误的，是恐惧在作祟，然后我们把注意力放到了她具有的特点上。当她开始关注自己的优点，不再只看到缺陷的时候，她的状态开始发生变化，人也变得越来越有吸引力了。

我在与中年单身女性（离婚或从未结婚）接触中发现的第二个问题是，她们没有找到自己想要的情感关系时，会普遍感觉受挫和绝望。她们会觉得没有好男人或没人想找这个年纪的女人了。40岁至60岁时仍在寻找爱情的单身女性觉得自己错过了机会，会产生"我怎么到了现在这个地步"或"我是不是错过了年轻美好的年华"这样的想法。一些人开始怀疑自己是否不再具有魅力，或者这辈子还有没有可能恋爱。

然而我认为，你寻找爱情的最佳时机就是现在，因为人到中年以后，你已经完全了解自己，了解自己的需求，并懂得如何得到你想要的东西。我每天都会看到这样的情景：中年人找到了自己的另一半，过着非常幸福的生活。事实上，我觉得他们现在做选择要比年轻时做选择更快乐。不是所有人都能在20岁的时候准备好开始一段稳定的情感关系。人们选择晚一些步入婚姻的原因有很多，其中包括职业要求、经济状况，或者单纯希望再享受几年单身生活。有的人没有准备好接受亲密的关系，但是这并不意味着他们以后不会开始亲密关系，根本不存在这种限制。举个例子，我的一位患者和她的伴侣在50岁的时候步入了婚姻的殿堂，而且两人都是第一次结婚。他们只用了很少的时间就找到了彼此。

无论你在什么年纪，与另一个人展开一段恋情都是一种挑战。就让我们面对这个事实：只有很少一部分人是我们真心愿意与其共同生活、能够满足我们情感需要的。当中年女性对生活怀有消极态度时，她们在寻找生活伴侣时也很难产生良好的自我感受。但这些女性忘记了，其实年轻时找到合适的人也同样困难。现在她们可以把自己的年龄当作借口，但事实上，这样的问题存在于她们生命中的每个阶段。

制订一份恋爱标准

虽然我不是相亲专家，但我知道中年是女性遇到合适男性并开始长期情感关系的最佳时期。许多中年女性知道自己理想的情感关系是什么类型的，但还没有找到具体的特点。了解自己在情感关系中想要什么，是获得美好关系的重要一步。在这一阶段，你会发现一些核心的情感要素，并制定出你择偶的标准和底线。

中年恋情中存在的最常见的问题是，女性制定了太多标准。如果你的要求过高，那么你就永远无法体会真实的情感关系，而是一直生活在幻想之中。我并不是说减少条条框框就等于降低标准或没有标准，只是说当你选择的人不符合你的标准时，应该适当降低自己的标准。假设你认为拥有大学学历、相同的精神追求以及住处很近这些因素都非常重要，但是遇到了一位没有大学学历的男性，他人很聪明，不仅非常支持你，而且也满足其他两点，并与你有共同爱好。虽然他没有完全符合你的想象，但他的确是适合你的人，因为他已经非常接近你的标准了。毕竟，你不是和一纸简历结婚。你应该进行更全面的考虑，学会做出对自己有利的决定。

制定标准的过程可以成为你自我成长的机会。在回答以下几个问题的过程中，你可以了解自己和自己想要什么样的伴侣。

- 我必须拥有什么？这些是你的核心价值。
- 我绝不能忍受什么？这些是你无法接受的行为。
- 什么条件是可以商量的？这些选择、行为和性格是你可以接受的。
- 我想做什么？这些是你想做出的改变。

我必须拥有的	我绝不能忍受的	可以商量的	我想做的

首先,使用这个表格,在前三列每一列中至少写出两项。写之前一定要仔细思考。你真正在乎的是什么?你的想法现实吗?想一想你应该在第三列中写下什么。妥协是每段成功的情感关系中的重要因素。如果情感关系中的核心要求(第一列和第二列)得到满足以后,你能够接受什么呢?

其次,在完成前三列后,问问自己,为了得到我想要的,我愿意做什么?你愿意在一段情感关系中付出什么?你愿意放弃什么?你怎样做才能吸引到符合前两列的人呢?把答案写在第四列上。

现在你已经描绘出自己理想的情感关系,而且也有办法实现它了,那么记住它的样子。提醒自己:你值得拥有生命中美好的事物。想象自己拥有一段顺心如意的情感关系,让自己对可能性保持激情。用这样的话结束自己的想象:"我能够享受当下,并对未来充满信心。"

走出家门,开心约会

一些人在寻找爱情的时候,以为爱情会神奇地出现在生活里。我不建议你等待爱情自己降临。期待爱情却不去寻找它,爱情是不会出现的。制订行动计划能够提高你找到真爱的概率。你可能在哪里遇到那个人?你想与那个人拥有怎样的共同兴趣？你的朋友或同事可能有认识的合适人选吗？采取你能够实现的步骤，会增加你的"运气"和行动的决心。

下一步是让自己走出家门，直到有所收获。出去参加聚会或上课，尽可能接受邀请，这样你会很快发现自己很容易认识新朋友。做一些你热爱的事情。核对一下你的愿望清单。但是，电视名人、专业的相亲专家西吉·弗利克（Siggy Flicker）建议女性不要和其他单身女性一起出去。她是这样认为的："你会带另一个与你应聘同一个工作的人去面试吗？你可以和拥有幸福情感关系并支持你的女性一起出去。"

西吉告诉我，男性即使到了中年，也是追求的一方，单身女性会让他们产生竞争的欲望。"不要先搭讪他们。不要给他们先发信息。而且能把做爱拖得越晚就越好！！"她还表示，中年女性拥有自己独特的魅力：丰富的人生经历、理性的自我认知、较高的性成熟度、智慧、同情心、耐心和包容。这些内在品质能把中年女性和年轻女性区别开来。

不管你处于什么年纪，恋爱都能让你变得年轻。约会时的激动和紧张永远不会消失。（而这也是约会中有趣的一面，不是吗？）约会能够自然地改善你的精神状态：你不可能在沮丧的时候跟人调情，你之所以会调情，是因为你们两个人之间相互吸引，当你们相处愉快时，精神状态自然会有所改善。

并不是每个人都会自然地调情，但是可以通过练习进步。自信和轻松幽默对你很有帮助。熟能生巧，所以在合适的时间和地点练习一下吧。试试下面这些技巧。

- 进行眼神交流——这是交流的开始。

- 微笑会让你看上去容易接近并有兴趣进行交流。表达出你感兴趣就能够吸引他人一半的注意力了。
- 让你的身体学会说话。用你的肢体语言表示出你感兴趣，但要学会自然一点。向对方倾斜。重复他人的肢体动作。穿一套能够显示出你经济水平的服装，记得要穿得优雅一些。戴一条有趣的项链或珠宝来吸引别人的注意力，也可以作为交谈的话题。学会性感但不下流地思考。
- 保留一些神秘感。让对方想得到更多的信息，向你要电话号码。

同时，西吉认为每一次约会都应该是有趣的。她说："不要在约会的时候就认为这个人会成为你的下一任丈夫。只是出去开心地玩而已。你需要不停约会，直到找到了你想共度余生的那个人。玩得开心就好。你永远不知道谁会成为你的下一个爱人。"

向青少年学习：利用社交网络

我非常支持大家经常出门约会，在外面能认识有趣的人，听听他们的生活，然后过好自己的日子。这就是我喜欢相亲网站和应用的原因之一。事实上，我们每天只能接触到固定的几个人，因此在科技的帮助下，我们能够扩大社交圈，这能为我们带来益处。

这些新型约会方式需要你填写在线资料，这意味着你要仔细思考该如何展示自己，怎样描述你要找的类型。中年男女是网上相亲活动的主力。我的患者向我介绍了 OurTime.com，这个相亲网站是专门为 55 岁以上的人群设计的。美国退休人员协会与其他网站有针对中年人的合作项目，其中包括 HowAboutWe.com 和 Stitch.net。

我曾经帮助很多患者注册在线信息，让她们给人留下了迷人、性感的印象，就像她们自己认为的那样。你的信息是有效的营销手段，它能让你展示出自己想展示的样子，展示出你重视的特质。首先我学会的是，要放一张好看的照片。另外，还有一些网上相亲的小技巧。

- 看一遍你的择偶标准，把这些标准展示在你的信息中。信息详尽能够使你的主页脱颖而出。学会从过去的经历中吸取经验，仔细思考一下这些年你都学会了什么，这些经验如何影响了你的想法。
- 列出能让你与众不同的特点，哪怕描述一下你的缺点也会让你充满魅力。如果你喜欢自己的笑纹，不妨着重描写一下。你的诚实能够表现出中年人的自信和直爽。
- 设计一个让人过目不忘的昵称，一个能表现出你的喜好或特点的名字。如果你有某项爱好或引以为傲的工作，不妨起一个相关的昵称。这是属于中年人的一份美好：了解自己的现状，发扬自己的优点。
- 设计一个引人注意并可以点开的标题。你可以看看优秀的标题都是如何设计的，借鉴一下他人的做法。
- 保持积极正面的态度。每个人都有不愿提及的过往，相亲网站并不是分享伤心事的地方。展示出你乐观向上的一面！这个特质能让中年女性在约会群体中脱颖而出。
- 诚实待人。你一定不希望任何谎言一直伴随着你。你希望有个人爱你真实的样子，接受你的年龄，而不是爱你希望成为的样子。

当你准备好，完成信息注册，祈祷好运后，就怀着美好的心把它发送出去吧。现在是时候看看都有哪些有趣的人找上门了。

中年榜样

塔姆森·法道

塔姆森·法道是一位备受赞誉的新闻工作者，她主要负责报道纽约城区的新闻。她采访过一些最受瞩目的新闻人物和知名人士，其中包括美国总统，也有不少好莱坞的大牌明星。2002 年，她跟随美国军队进入阿富汗。她曾于 2014 年得到纽约三地新闻界艾美奖"最佳新闻主播"的荣誉。同时，她还因深入与创新的报道获得过多个艾美奖项。现在，她已人到中年，离婚后的她和她的吉娃娃马森一起住在纽约。她出版了好几本著作，其中包括最新出版的《新单身贵族：在分手或离婚后寻找、改变并重新爱上自己》(*The New Single: Finding, Fixing, and Falling Back In Love With Yourself After a Breakup or Divorce*)。

塔姆森告诉我，她十分享受中年生活，因为在中年，她还能了解自己真实的样子。"我觉得年纪越大,衰老得就越快。我记得许多年前,我的祖母拒绝告诉任何人自己的年龄。过去,衰老是让女性感到羞愧的事情。我发现现在人们谈论衰老比过去轻松许多,对年龄也更诚实,甚至会炫耀自己的年龄。我也不再觉得单身或离婚是一种耻辱,或承认自己40岁有什么困难了。如果你从内心对自己感到自豪,你的自尊心就不会消失。我对自己的外表、成就以及离婚这件事没有打败我而感到自豪,而我的经历让我为其他在情感关系中遇到困难的女性带去了鼓励。"

当我们谈到再恋爱的时候,她告诉我:"真正和他人建立潜在情感关系的唯一办法是首先和自己建立联系。了解自己,并确保你可以把未来的幸福寄托在自己身上,这一点是至关重要的。过去很长一段时间以来,我都以为一个男人可以改变我。但事实上,只有你才能改变你自己。你的朋友、家人和生活方式决定了你会选择什么样的交往对象。我发现如果你不花时间经营自己——这件事并不是很容易,你就会重复过去经历过的情感关系,只不过是换了个对象罢了。"

塔姆森喜欢认识新朋友。她认为在中年恋爱有许多好处。她告诉我:"我的恋爱是没有计划的。我发展一段感情的原因是我喜欢和他人相处,而不是说我急于找一个男人步入婚姻殿堂。在现在这个阶段,恋爱是件轻松愉快的事情。我觉得自己的这种态度使男人对我更感兴趣,他们愿意和这样的女性交往,因为他们不会觉得有压力。"

她建议中年女性在恋爱的时候不要总想着结局。"享受当下。不要试图让一个男人改变你。不要让年龄成为你的障碍。不要进行消极的自我暗示,要跟随自己的想法行动。注意内外兼修。感激对你好的人,摆脱会吞噬你灵魂的人。"

塔姆森说得非常正确。喜欢自己的样子对你的生活来说非常重要。在这段我们称为中年的精彩岁月,已经有越来越多的女性行动起来,摆脱了对自己的外表、人生选择和生活方式的限制。

爱上单身中年生活

有一定数量的美国人选择终生单身。皮尤研究中心（Pew Research Center）的最新调查给出了一个惊人的重大结论：只有29%的人在离婚后表示愿意再婚，而且女性比男性更愿意延续婚姻。每个人都向往婚姻的老观点已经不再具有说服力。与某人缔结婚约只是一种文化刻板观念。当婚姻使我们感到不快时，我们可以选择离开。我有一位大学时认识的朋友，她的父母在她很小的时候就离婚了。她的母亲在她上高中时再婚，但是这位新丈夫很快就去世了。我记得她的母亲在1987年是一位非常先锋的女性。在我们刚刚20岁出头的时候，有一次，她坐下来对我们说："你们要永远让自己开心快乐，因为男人不会一直陪伴着你。只要你们对自己感到满意，你们就永远是快乐的。"我永远不会忘记她智慧的话语。

相同的情况也发生在我姐姐洛丽的朋友温迪·威特身上。她不需要以情感关系来定义自己，也不接受文化传统强加给她的限制。温迪在20岁的时候嫁给了一位比她大几岁的男人。几年后，她生下了两个儿子。7年后，她觉得自己受够了这段婚姻，但还是花了几年时间来完全摆脱这段情感关系。她成功地用非常友好的方式结束了婚姻。现在她与前夫及其第二任妻子关系非常好，她甚至是他们两个孩子的教母。她的两个儿子、前夫、前夫的第二任妻子以及他们的两个孩子组成了一个大家庭，他们对彼此都非常重要。温迪并没有觉得嫉妒，而是觉得每个人都开心地过着新生活是件十分幸运的事。事实上，现在的生活也减少了她对离开前夫的负罪感。

温迪在这些年里谈过许多次恋爱，甚至曾经订婚。现在她 55 岁，很满意自己单身的状态。她享受自己的工作、孩子、家人以及和朋友外出的时光，她的朋友中也有一些是已经离婚的单身女性。有时候，看到一些幸福的家庭时，她会不会说"我真希望我也能拥有这样的生活"？事实上，她的确会这样想。但与此同时，她非常满意自己现在的生活。

当她的母亲问她是否担心以后不会再吸引他人的兴趣时，她自信地回答道："不！"她知道会有那么一个人等待着她，在她准备好的时候（哪怕她已经老了），他会来爱她。同时，她仍在享受生活，甚至跟比自己年纪小的男性约会。尽管她在约会时感受到了对中老年人的歧视，但这丝毫没有影响到她对自己的满意程度。她对男人的看法是：婚姻不幸以及丧偶的男性想找比自己年轻的女性，尤其是后者。拥有过幸福婚姻的男性是不在乎女性年龄的，他们懂得欣赏和中年女性恋爱时产生的陪伴和联系。

温迪认为，如果女性给自己一个发现单身乐趣的机会，她们一定会很享受单身的。如果她们能够经济独立，而且有自信满足自己的需要，单身就是一段美好的时光。如果合适的情感关系主动找上门来，那也很好，但她不会主动寻找，或者把它看成一项任务。她在根据自己的想法生活，而这样的生活非常适合她。

温迪的生活充满活力。她知道自己的成就感来自于拥有自由，有创造自己想要的生活的机会。她不会消极地认为自己已经老了，或者必须拥有一段情感关系才能生活得有意义或快乐。她的生活方式非常超前，尤其是与自己的前夫及其新家庭建立的联系。她并不认为一旦过了某个年龄，年轻的生活方式就离你远去了。就这么做吧，温迪！

第八章

是谋生，
还是享受生活

莎拉在 50 岁的时候丢掉了在一家法律事务所担任行政助理的固定工作。离开自己很喜欢的环境、失去待遇良好的工作让她很难过，她也担心自己再找不到收入如此丰厚的工作。过去她是一个乐观的人，但是有一天，当她来到我办公室的时候，我发现她不像从前那样快乐了。她说，注册失业补贴的时候，你需要先和一位顾问见面。她的顾问和她一样，也是一名中年女性。莎拉告诉我："顾问说我已经老了，我对未来的打算应该更实际一些。现在我对自己能不能找到工作没信心。"

我的患者得到这样的回答让我非常生气，更不要说这话还来自另一位中年女性。我立刻告诉莎拉，这个女性的话不尊重她也不真实，只是反映了她是如何看待自己的。之后我们找出了莎拉适合她所寻找的工作的各项原因。她有着优秀的人格，招人喜爱，拥有精彩的简历，而且值得信任，是个稳定、可靠的雇员——她的个人生活不太可能使她频繁跳槽，而这个现象在年轻的员工身上很常见。莎拉发现我说得很对，于是开始关注自己拥有的优点，而不是她的年龄。

6 周后，莎拉找到了一份非常适合她能力的工作。她的新老板非常欣赏她的经历和成熟程度，并将她的年龄视为优点，这与我们之前的讨论不谋而合。虽然她怀念自己过去的工作，而且从没有想过要离开，但是现在她很高兴能够尝试一些新鲜的事情。

如果我们允许自己认可"你已经老了，人们不需要你了"这样的陈旧观念，它就会对我们的精神造成严重的伤害。我们常常会在中年经历职业变动，有些是我们自愿的，而有些不是。换工作对中年女性来说可能是个不愉快的事实，人才市场似乎更喜欢年轻人，而且在一些领域也的确有赤裸裸的年龄歧视现象，但是这并不意味着我们一旦超过了某一特定年龄就不再适合工作，也不意味着中年失业者一定再也找不到满意的工作，或无法为自己的工作重注活力。这些都是关于中年的谎言。我们在中年期经历着各个方面的变化，包括工作定位和银行账户里的存款。无论我们是想在企业里谋一个职位还是从事零售业，或是选择创业，我们都能创造新的成就感，赚钱养活自己。钱是否够用，是除了健康以外我们在中年期最担心的事。由于人类寿命变长，我们必须确保自己能够负担未来的生活。这意味着我们需要工作更长时间，攒下更多的钱。中年人想继续工作，也必须继续工作。在 1993 年，年龄超过 55 岁的劳动力接近 30%，而到 2011 年则超过了 40%，而这一比例还在继续增加。中年不仅代表我们的生命走完了一半，也说明我们的职业年龄度过了一半。2008 年，卡洛·施特伦格（Carlo Strenger）和亚里·拉登伯格（Arie Ruttenberg）在《哈佛商业评论》（*Harvard Business Review*）上发表的文章表示，由于越来越少的人在 20 岁之前进入工作岗位，因此对今天大多数中年女性来说，她们需要继续工作的时间和已经工作的时间一样长了。

从工作中分出时间照顾家庭事务的女性通常是要付出代价的。照顾孩子或年迈父母的责任会影响女性在工作岗位上的价值和升职机会。然而，由于工作年头变长了，我们还有机会弥补这些错过的时光。中年女性应该知道，她们的职业生涯在 65 岁之前是不会结束的。

本章研究了两方面内容：在离开工作岗位后重返职场，以及为更长的寿命做出必要的计划，其中包括金钱方面的事务，这样我们可以摆脱焦虑，以最高效、最能带来收益的方式向前发展。

中年女性和金钱

金钱及其相关因素会成为中年人焦虑、愤怒、恐惧和担忧的来源。对中年人来说，没有任何其他事比经济状况更能把人拉回现实，因为它不仅影响着我们对自己的看法，更决定着我们对未来的计划。经济问题多样且复杂，因此我相信，对自己没有足够的钱养老的担忧超过对死亡的恐惧的人肯定不止我一个。关于死亡，你又能做什么呢？死亡会让你去另一个世界，这是我们无能为力的。但是，如果你没有足够的钱度过余生，那么这将会影响你晚年的生活方式。

我们这一代女性仍然带有着灰姑娘的基因，希望嫁给使我们衣食无忧的男性，这就意味着男性承担着经济责任中的大部分。如今，对大多数中年女性来说，情况已经不再如此了。皮尤研究中心 2013 年的一份报告显示，在有不满 18 岁子女的家庭中，母亲是唯一或主要经济来源的占40%。丈夫赚钱养家，妻子在家当全职太太的模式已经越来越少。即使这样的模式存在，妻子到中年后也会想找一些别的事做。

我们处理经济责任的方式与中年时我们对自己的感受息息相关。威斯康星大学（University of Wisconsin）的研究员黛博拉·卡尔（Deborah Carr）发现，没有达到自己职业目标的女性的心理状态和生活目标相对较低，抑郁的水平相对较高，而且和没有目标或达成目标的人相比，她们很少说自己的工作"很成功"。我认为，这是因为我们的大脑总是在寻找下一个新目标。这就是为什么确立目标并为之努力至关重要，即使你在实现目标后又改变了目标也没有关系。

有些夫妻采取的是双职工模式，或是角色彻底互换，来使这种经济转变更容易一些。我的患者吉尔的丈夫想成为一名餐馆老板，但一直没有实现这个目标。同时，她有一份很棒的工作可以养活全家。他们夫妻中需要有一个人照顾孩子，于是她的丈夫做出了让步。幸运的是，他很喜欢自己的新角色。他喜欢照顾孩子们，喜欢做饭，也喜欢包揽全部家务，虽然在他出生的家里，这些事都是女性做的。有趣的是，在同样的情况下，我认识的中年女性比年轻女性更容易接受自己的新角色，我见过许多因为角色变化而分手的年轻情侣。也许，中年女性能够接受非传统的角色，是因为她们具有更强大的复原力。正如帕特里夏·科恩（Patricia Cohen）在其讨论中年生活的书《在我们的黄金时代》（*In Our Prime*）中写的那样，中年人重视成就，包括职业上的成功。研究人员对中年男女展开的调查表明，中年人围绕财富话题的评判倾向是所有年龄段中最强的。

还有些中年女性认为所有经济问题处理起来都很困难。2013年美国心理学家协会（American Psychological Association）的报告显示，女性经历的工作压力比男性大，内化这种压力的程度也更强。女性会感到愤怒或负担过重，或者渴望改变现状。如果她们的生活与传统模式不符，她们会感到失望。有时候，她们会把伴侣的失望情绪归咎到对方的失败或厄运上。这些情绪非常强烈，却也是现实的真实写照：在中年期你一定会在某事上感受到挫败感。每个人都有伤疤，承认失败很容易。但是不要一蹶不振，要记住：中年是一段处理生活中无法避免的失败的时光，我们必须承认生活有美好也有糟糕，更有丑恶。战胜这些失望的关键是，不要让过去成为阻碍你有创造性地、踏实地前进的绊脚石。同时，如果伴侣的失败比你的严重，那么要在对方解决问题时鼓励和支持对方。在中年期，你可以把自己的力量借给伴侣，但是承受负担的力量和决心必须来自对方，而不是来自你。

中年女性无论是家里唯一的经济来源、与伴侣共同赚钱养家还是完全无须负责赚钱，都希望在经济上独立且自信。在中年期，我们对物质的欲望已经渐渐淡去，已经懂得了幸福并不需要太多努力。我们对于自己的钱能用来做什么也有了更多的了解。我们变得更实际，于是也就了解了金钱的价值，而且学会了不任意挥霍它。然而，由于我们知道自己的寿命比男性长，收入却比男性少，因此我们担心自己的钱有一天会不够用。米歇尔·马特森（Michelle Matson）曾在书中这样写道："男性会被投资的快感和挑战吸引，而女性更看重长远的结果。"

中年女性应该了解金钱对自己的意义,而且要知道这种领悟不会自然发生。我们可能刚刚开始思考自己未来想过什么样的生活,可以过什么样的生活,以及在生活中不需要什么。我们意识到金钱不可能源源不断,也没有神灵给我们所需的一切。我有一些中年患者见证了父母因为没有足够的钱养老而生活窘迫的遭遇,这种可怕的状况的确为她们敲响了警钟。

许多女性——甚至包括在中年时很富有并获得了暂时成功的人——都会暗自担心自己变得穷困潦倒。《福布斯》杂志发表了安联保险(Allianz Life Insurance)于 2013 年进行的一项调查,结果显示,有 49% 的女性担心自己会破产甚至无家可归,这种恐惧就是著名的"流浪老妇综合征"(The Bag Lady Syndrome)。安德鲁·沙特(Andrew Shatte)在同一篇文章中指出,这种恐惧是我们进化出的压力反应。它来源于我们对未来生活会受到威胁的深切担忧,以及对可能失去资源和被抛下的恐惧。虽然我们可能无法摆脱这种恐惧,但重要的是不要被这种恐惧吓倒。虽然我们不可能预测出所有的不幸,但创造稳定、安全、高效生活的关键是锻炼复原力。实现这一点的最佳方式就是让自己具备理性消费的能力。

当我的中年患者遇到与金钱有关的焦虑或其他问题时,我会试图弄清这些问题是来自于现实还是她们的想象。一旦我们解决了心理问题,我总是会建议她们向能够为她们提供专业理财意见的人寻求帮助,只有这样才能解决问题,并最终减少她们的焦虑。无论是什么样的情况,我都会鼓励她们处理这个问题，因为女性常常会逃避问题，甚至会对自己说：我不想考虑钱的问题，这太令人痛苦了。

我非常理解这种对经济问题的逃避心理。当我步入中年的时候，我强迫自己在金钱的问题上成熟起来。我的职业生涯在 40 岁的时候非常精彩。我主持着自己的电视节目，写完了自己的第一本书，而且时常会出现在最受欢迎的电视节目中。我实现了许多个人和职业目标，这些成就让我感觉非常快乐。然而，我的经济成熟度远远不及我的职业和个人成熟度。我清楚地记得，当信用卡公司打电话来说我有几张信用卡没有按时付清时我多么沮丧。我悄悄告诉自己，不能再这样大手大脚了。

一旦涉及经济问题，我的所作所为就像个孩子。我对还债的看法十分任性且不切实际。但是逃避现实只能造成更多的混乱和焦虑，我不喜欢自己这个样子，因此我决定提高自己的理财能力，哪怕一次只进步一点儿，目标总会慢慢实现。我在理财方面获得了一些帮助，而且我努力按时支付账单。不得不说，这个过程非常漫长，甚至需要做自我斗争，但是我很高兴自己这样做了。我的确变得更加成熟，最开心的是，我感觉自己更聪明了。经历了一次次的尝试后，我对财务状况的自信提高了很多。

学会理财

如果你之前不懂得如何理财，那么现在就是做出改变的时候。如果你担心经济问题，那么你应该尽快缩减规模。对自己的状况重新评估非常重要。注意自己的消费欲望，尤其是刚刚恢复单身的时候——有时，刚刚恢复单身的人会花很多钱让自己保持年轻和焕然一新。

如果你财务方面的问题是真实的，那么一定要重视它。一开始，处理问题的方法常常是增加存款，尽量不欠债，为未来制订计划。考虑向能够帮助你制订长期储蓄计划的财务顾问寻求意见。银行都能够提供这样的服务，或建议你向相关领域的专家求助。

我们在存款问题上遇到困难的原因之一是，我们不知道自己会成为什么样的人，也不知道未来会发生什么。摆脱"只看当下"的态度十分困难。就算你之前从未有过存款，现在也为时未晚，因为我们的寿命更长，因此我们仍然有足够的时间。个人理财专家亚历克西丝·尼利（Alexis Neely）建议设立固定储蓄额，剩余的部分用于花销，她将其称为"反向预算"（backwards budgeting）。她询问客户，如果要过上自己想要的生活实际需要多少钱。这样，就算他们刚刚步入中年，他们也能制订出可以满足需要的储蓄计划。

多项调查表明，中年女性比自己预想中更善于储蓄和投资。中年是她们理财能力最强的时期。《今日秀》的财经编辑和作家简·查兹基告诉我，女性在中年期的经济能力达到了巅峰。事实上，中年女性比其他任何年龄段的女性都更有购买力，如今的中年单身女性也比过去更愿意购房和购车。

查兹基建议，中年女性应该准备个人储蓄基金，这与投资同样重要。她认为，个人储蓄让女性更加信任自己。少量的存款就很有效，而且能够发展成投资行为。女性应该了解自己的信用评分，并在必要的时候努力提高信用等级。AnnualCreditReport.com 和 CreditKarma.com 这样的网站能够提供非常有用的资讯。最后，她强烈建议每个人都办理一个紧急账户，里面存上一千到两千美元现金，以备不时之需，尤其是当你不需要把这笔钱加到信用卡上的时候。

中年的智慧

一直以来，人们对工作岗位上的中年女性存在着糟糕的刻板印象，认为更年期会使她们出现各种问题：身体问题，态度不佳，健忘，易疲劳。多么不美好的印象啊！这种描述似乎符合大众的看法：头脑和身体——也就是生产力——会随着年龄增长而衰退。这种看法认为，生理能力的下降会不可避免地导致精神状态的下降。然而，最新的研究以及我们自身的真实经历都表明了事实并非如此。著名的"西雅图纵向研究"（Seattle Longitudinal Study）的结果显示，男性和女性都在中年到达新一轮的生理最佳状态，因此我们当然有能力继续高效地工作。同时，我们都知道，很少有人在青年时就具备最佳的认知能力，所以中年是最适合工作的阶段。

研究表明，中年人的大脑在经历危机时不会轻易崩溃，而且处理问题的能力也更强。2007 年《神经学》（*Neurology*）发表了一项研究，研究员测试了操作飞行模拟器的飞行员，这些飞行员的年龄在 40 岁至 69 岁之间。年龄较大的飞行员学习使用模拟器所用的时间较长，但比年轻的飞行员表现得更好：他们能够避免发生碰撞。同时，中年人的大脑具备更好的抽象推理能力、逻辑思考能力、语言表达能力、研究能力、做判断和得出结论的能力。随着年龄增长，我们积累了更多可以借鉴的经验，能够将这些智慧运用到每一件事情上。

中年职工也是理想的领导者和监督者。哈佛大学的一项最新研究表明，我们在 40 岁时才开始形成对他人情绪的观察能力。而直到 60 岁以后，这种能力才达到成熟。

这就是为什么中年是高效工作的最佳时期。有了这个好消息的同时，我们也看到了一些变化。在某些行业，中年女性已经开始起主导作用。例如，2014 年《好莱坞报道》（*Hollywood Reporter*）的一篇文章列举了娱乐行业内 100 位最有地位的女性，几乎全部都是中年人。

那么，如果我们能够胜任工作，为什么我们在工作岗位上还是会遇到这么多阻碍呢？我们虽然了解了事实，但还是不相信自己在工作中的价值。是时候改变思维方式了，去成为我们希望成为的新型中年职业女性吧。

中年工作危机

在中年期，我们很了解自己，或者至少已经习惯自己的行为方式。因此，我们常常在中年时不再对自己的工作和专业抱有幻想，即使过去我们曾经享受过工作的时光。盖洛普 2013 年的全美职业调查报告显示，只有 30% 的美国职工对自己的工作有热情——49 岁至 67 岁的人在其中占比最少。在中年期，很多人都在寻找一些与现有生活不同的东西，有时甚至是我们自愿的。我们也许厌倦了现在的生活，也许筋疲力尽，也许需要比现在挣得更多。但更重要的是，总做重复工作会让我们开始寻找新的生活目标。你的薪水可能是你最初的目的，但渐渐地，你会发现自己失去了工作的乐趣。

你也可能会在休息一段时间后考虑继续工作，但你对该如何开始感到无所适从。虽然你有了更多时间，但为了生计，你还是要回到工作中。我有很多朋友到40岁的时候孩子已经长大了，于是她们准备回到工作岗位上。她们向我倾诉，说自己连找工作都十分恐惧。有的对自己的一段生活结束感到悲伤，还有的期待着能够重新进入职场。

中年时，对工作不满或厌倦都是正常的，哪怕这种情绪令人不安或恐惧。然而，这些情绪为你重新评估生活提供了完美的动力。我的一位患者莫莉在华尔街的一家主流银行任职。她年轻的时候想要一份能有所作为的工作，而且很喜欢各地奔波。但她因最近的经济危机失去工作以后，第一次感受到了我所说的许多人都有的"中年工作危机"。尽管她这一行找工作很容易，但她还是感到力不从心。特别的一点是，她完全不关心自己的工作将如何影响以后的生活。她在面试其他工作的时候，常见的阻碍出现了：经常出差，时时刻刻的工作责任，以及聪明但难以取悦的老板。她意识到，工作的性质没有改变，只是她自己变了。44岁的她已经有了第二个孩子，过去认为的雄心壮志现在变成了负担。她告诉我："我希望能够享受自己的个人生活，我想和家人在一起。但是我们需要钱，而且我也不想在现在放弃最初的梦想。"

我告诉莫莉，她没有必要放弃自己的梦想，但是也许是时候在事业上做一次正确的转折了。之后我为她介绍了我的一位中年榜样,朱迪·沙因德林(Judy Sheindlin)法官,她刚刚出版了一本可以免费下载的电子书《朱迪会说什么?》(*What Would Judy Say?*),里面讲述了她的故事。她对世事具有的智慧让我很有共鸣,而我感兴趣的是她如何在中年转型,开始了精彩的副业。

出现在电视上之前,朱迪是为数不多的女法官之一。52岁的时候,她因为高超的职业水平和幽默的处事方式而"被发掘"。在书中,她表示她对自己的第二份职业非常用心。她掌握着自己的命运,拒绝他人给自己下定义。她说:"我现在拥有的一切并非来自运气,而是因为之前做过充分的准备,我在做真实的自己。"朱迪关于"拥有一切"的说法非常有道理,我认为这个观点尤其适合中年女性。她说:"你必须自己决定自己拥有的一切事物——这是你自己的事。"这一点对莫莉来说尤为重要。

朱迪写道:"我不想说一切皆有可能。我了解到有些女性不得不工作,沉重的生活负担使她们无法放弃工作,她们没有不工作的自由。但尽管如此,你也可以做一些让你感受到热情的事,并要确保你有私人空间做你喜欢的事。这一点非常重要。你永远不知道未来会发生什么,你永远不知道在这个过程中哪一扇大门会为你敞开。"这正是我的看法。

莫莉需要重新思考如何将她热爱的生活与新的工作结合在一起。我让她花些时间,好好考虑一下除了工作之外她还想要什么,在办公室之外她想扮演什么角色。同时,我们一起重新讨论了成功的定义。朱迪认为,用金钱定义成功过于狭隘:在中年我们需要认为自己是成功的,无论我们在工作中的参与度是高是低，只要你觉得自己所做的事有意义就够了。

莫莉把我的建议记在了心上，几个月后，她找到了符合自己所有需要的工作。她无须离开银行业，而且至少在一段时间内可以不用出差。新工作让她每天晚上可以离开办公室几个小时，到第二天早上之前都不用考虑工作的事。虽然薪水比之前少一些，但是她感受到了从没感受到的快乐。

陷入消极思维、非黑即白思维、全或无思维能使四种最常见的工作危机变得更可怕，更令人难以招架。第一步是清楚你正在经历的危机是哪一种，这样你才能制订出计划来摆脱危机模式，找到你热爱的工作。

·失业危机

有一种中年工作危机会毫无预警地突然降临，那就是失业。失去了自己重视的东西，你自然会感觉气愤，或者对自己失望。失去工作给人的打击非常大，因为工作对我们来说太重要了：金钱、地位、目标意识、集体归属感以及掌握一技之长的成就感。让我们面对现实：我们的身份与我们从事的活动是融为一体的。我知道我就是这样的。失业是很难恢复的损失，而且是一定会令人感到伤心的损失，尤其是当你的价值在职场上不断地受到否认的时候。

我喜欢用一个不同的理念来解释改变：发生在我身上的事情就是为我准备的。当不在计划之内或你不希望看到的事情发生的时候，你可以从中学到什么，即使在当时你并没有意识到。有时候，生活中突如其来的转折会成为我们最好的老师，并最终使你获得最大的利益。改变或许不总是令人愉快的，但困难的境遇有时能使你的生活走上比你的有意选择更好的方向。

·再就业危机

在一段长时间或短期休息以后，重回工作岗位对每个人来说都是可怕的。首先要记住的是，你不是一个人。《职业展望季刊》（*Occupational Outlook Quarterly*）进行的调查表明，有很多员工在职业生涯期间有过近10次想换工作的念头。事实上，非线性的职业轨迹现在不再只是期望，而已经成为主流。有成千上万的女性员工和你一样，会选择改行，选择停止全职工作，以抚养孩子或照顾年迈的家人。因此深呼吸吧，然后集中注意力。你能够回到职场中，只不过时间要比你一开始预想的长一些而已。

·信心危机

我的患者珍虽然一直在工作，但也经历了另一种职业危机。珍在50岁时第一次来见我。她的工作是帮助高中生撰写大学申请材料，所以经常一天要奔波60英里[1]。她告诉我，她觉得自己的年龄已经无法胜任这份工作了，尤其是她总感到疲惫，而且觉得自己对于所接触的青少年来说太老了。她担心青少年会认为她的建议不够时尚或有用。这种恐惧经常出现，不仅干扰了她积极思考的能力，也影响了她发展客户

---

[1] 1英里约为1.6公里。——编者注

的业务水平。同时,她的自信心越来越差,她已经不再相信自己能够胜任这份工作了。

对珍来说,战胜恐惧的唯一办法是面对它,分析它,然后制订计划解决它。我告诉珍,她不仅拥有年轻的外表,也拥有年轻的人格。她的可爱不是从外表显现的,而是缘于她接触的充满活力的孩子们。同时,我们找出了她隐藏在恐惧之下的其他真实忧虑。我们制定了能让她节省时间和体力的工作方案。比如采用在线视频服务,例如 FaceTime 视频电话、Vidyo 和 Skype 网络电话来扩大她的客户群,减少路上的时间,让她有时间锻炼身体,增强体能。

珍接受了这些建议,并感谢我帮助她提出了这些她之前从未想过的选择。她开始意识到,自己的职业其实会让自己变得年轻。她很喜欢和年轻人相处,而且也能让自己保持年轻。她之前为什么会想放弃这份工作呢?幸运的是,她找到了正确的选择,既留住了自己的工作,也改善了工作方法。

有些女性担心自己在办公室内部的职业安全。中年女性时常会感觉自己受到了年轻员工的威胁,或是产生这样的态度:我已经达到了舒适、稳定的状态,没必要再做什么来巩固地位了。但让她们吃惊的是,她们可能会被辞退,或者看到和自己想法一致的同龄女性被辞退。她们没有意识到的是,无论在什么状态下,我们都需要在职场中提升自己。如今的职场是一个充满挑战的环境,你不会因为达到了某种状态或某个年纪就可以在工作中高枕无忧。你应该继续充电。在许多领域,别人只会用你最后一次成功来评判你。他人对你的态度取决于你传播出的能量。如果你只是数着日子等待退休,那么结果可能不会太好（除非你真的马上就要退休了，那就再接再厉）。但是如果你真想好好工作，那么你必须让自己受到别人的注意、重视和珍惜，并一直投入到工作之中。

正如我之前所说，恐惧会提醒你关注生活中需要关注的领域。如果恐惧妨碍了你获得你在工作中想要的东西，那么你要开始寻找恐惧的根源，之后才能穿过迷雾，找到有价值的解决方案。

·厌恶工作的危机

如果你带着消极的态度工作，那么你就失去了学习新知的可能。实际上，任何职业道路都能让你通向你想去的地方，即使一开始看起来不是这样。我开始在一家精神病医院工作的时候——这份工作是我非常喜爱的，但是我知道它不会成为我的职业终点——有一种感觉，这段经历会帮助我上电视，这是我一直渴望的。我意识到，我在医院所做的一切有助于我的生活，而且能够转移到电视上。我决定了只要在医院里，我就尽力学习一切。事实上，并没有直接的道路连通我在医院的工作和电视节目，但是我想找到方法实现目标的愿望使这件事情实现了。

我们应该与自己的工作和谐相处，而不是与它对抗，尤其是我们在寻找其他兴趣和职业选择的时候。我的朋友莉莎在二十几岁的时候是个收入颇丰的艺术家，但后来她决定暂停工作养育儿子，于是选择了一个更传统的全职工作。由于她嫁给了一位音乐家，她的收入对家庭来说非常重要。虽然她的全职工作能让她接触到一些有趣而充满活力的人，她还是讨厌这份工作，因为这份工作没有满足她的艺术需求，而且她讨厌把宝贵的时间浪费在办公室里。

经过一年的严重抑郁，她觉得自己受够了。因为我认识莉莎很久了，我用坚定但体贴的方式告诉她，她非常有天赋，没有理由不好好利用自己的艺术天赋。她接受了我的建议，并对自己承诺：接下来的一年一定会不一样。她希望生活能更丰富，而且不再允许恐惧阻碍她实现梦想或目标。用她的话说，她决定"让生活充满挑战"——好好利用时间，听从自己心的方向。我们一起为她找到了拥有更多私人时间的办法，让她有机会远离工作和家庭的责任，按照自己的兴趣生活。她开始在晚上开展艺术活动，几个月后，她的作品得到了广泛的好评。她得到了新艺术展览的邀请，并在那里售出了几件艺术品。

她很高兴自己能够改变生活，摆脱单调的轨迹，发现自己在做母亲和妻子以外其他方面的成就。虽然她还不能靠全职从事艺术活动来养家，但是她已经很满意了。事实上，当她成为当地艺术家社群的一员后，她发现自己的这种生活方式并不是一时的，反而可以持续下去，因此她也更喜欢自己的日常工作了。

过了不久，莉莎不想让自己的工作继续平淡下去，开始积极寻找另一份喜欢的兼职工作。我问她是否对在这个年龄寻找一份新工作存在担忧，她告诉我："当然有！我担心老板会想雇更年轻、工资要求更低的人，但我的朋友们都告诉我要继续寻找，因为当你面试的时候，你并不知道最后的结果会是什么。"这个建议真的很有用。她喜欢上了自己去面试的一份工作，在试用期努力工作。莉莎的做法有效了，她真的被雇用了，现在她很开心地在这个她很喜欢的公司工作。

卡尔·荣格和埃里克·埃里克森（Eric Erikson）认为，中年期是人类实现自己最大成就的时期。许多作家、音乐家、制作人、诗人和画家都认为中年是其艺术生涯的巅峰期。不过，如果你无法以自己的兴趣为生也没关系。你也许必须依靠一份普通工作，但是这又如何呢？把你的爱好融入生活，然后享受它为你带来的美好时刻吧。

向青少年学习：热情展望下一步

如果你准备在中年时找工作，那么你是幸运的。在中年期，你更加了解职场，并知道如何去适应它。在这个时候，你能把年轻的活力和你已经获得的智慧与思想结合，追寻你自己的道路。女性喜欢能够使灵魂获得满足的工作，在中年，她们拥有独特的机会，能找到真正有意义的事情。

对中年生活来说，最棒的事情之一就是很多人在不知不觉中治好了自己总试图取悦他人的毛病。我们过去常常为了他人而活，为他人做事，而且非常在意每一个人对自己的看法。我们遵守规则。现在，是时候找回自己青春期的一面了，我们应该拥有开放的思维、足够的勇气，并制定出自己的规则。追寻自己的热情并将其转化成职业这件事，什么时候开始都不晚。

你想找一份新工作的时候，不妨看看青少年的做法。回想一下自己的学生时代，然后花些时间学习你在未来工作中需要的技能。根据你的新爱好来阅读。过去几年间出现了越来越多的教育选择，包括许多大学开设的在线项目和机会，这些教育项目针对的是想变得更有竞争力或是重新选择新职业的中年人。一些中年女性选择重返校园，有些人甚至会选择全日制大学的四年课程，但这当然不是唯一的选择。

如今的年轻人是在压力很大的状态下成长起来的。他们不再认为进入大公司就是职业追求的终点了。许多人自主创业，将自己的经济状况掌握在自己手中。他们站在创业和小型企业出现浪潮的最前沿，看待工作的角度比我们年轻时更具有企业家精神。

如果你选择自主创业会怎样呢？开公司是不是你的内心想法，是否顺应了市场需求？中年是实现内心愿望的最佳时期，就让你的热情指引你通向属于你的事业吧。

然而，如果你想在中年开始一份新工作，那么要考虑清楚经济状况。首先，不要辞掉你的日常工作。有些人对自己的第二次择业过于乐观，结果却并不尽如人意，至少一开始是这样的。要先试试水，多听听成功转行者的建议。要与你想从事的行业中的朋友和同事交流，你会惊讶地发现有很多人愿意帮助你实现目标。职业咨询师或导师也能够帮助你，他们当中有许多人是在中年开始创业的，因此是在你转行时最能帮助你的人。拥有了正确的计划和想法，你就能成功并安全地开始新旅程了。

如今的年轻人不满足于只拥有一份工作。他们也会通过一些富有创造力的兼职来充实自己的生活。他们可能既是律师又是演员，既是售货员又是作家。这是一种更有艺术性的生活方式。与年轻人一样，我们没有必要用自己的职业来定义自己。除了在工作中实现自我价值之外，生活还包括很多内容。在中年期，我们可能是一位优秀的母亲、贤惠的妻子，同时也是一位充满灵感的艺术家。

听听自己内心的年轻声音，看看其他能够定义生活的方面，然后按照这些兴趣生活。当然，你得以聪明而不是鲁莽的方式行动，并做出理智的选择。

中年榜样

凯特·怀特

凯特·怀特被《纽约时报》评为畅销书作家，她著有10部畅销书作品——6部贝利·维金斯（Bailey Weggins）系列推理小说和4部悬疑小说。成为畅销书作家之前，她担任了14年《时尚》杂志的主编。她有两个孩子，而且是几本畅销职业书籍的作者，其作品包括《我不该告诉你的那些事：如何要求加薪，抓住机会升职，创造出你值得拥有的职业》(I Shouldn't Be Telling You This: How to Ask for the Money, Snag the Promotion, and Create the Career You Deserve) 和《为什么贪女孩比好女孩更成功》(Why Good Girls Don't Get Ahead but Gutsy Girls Do)。在业余时间里，她还向50岁的女性传授如何在职场中获得技能和提升地位。她是我的中年榜样之一，因为她知道如何在中年重新塑造自我，追求梦想，充分利用自己现有的天赋。她务实，富有创造力，而且知道如何安排好一切，但是她非常谦虚，从来没有这样评价过自己。

凯特告诉我："四五十岁的女性会变得有些焦虑，因为她们可能会被更年轻或薪水要求更少的人代替。虽然职场上的确有年龄歧视现象，但我认为职场上'薪水歧视'的问题更严重。高薪的女性员工会被低薪者代替。有些时候，女性和男性都会因为薪水而不是年龄而被辞退。这就是为什么中年女性需要问问自己，她们是否拿出了最饱满的工作态度？"

凯特鼓励女性，要想在职场上获得一定的地位，女性应该在工作中保持进取心。在当今的商业世界，员工应该愿意成长，有大局思维，能承担新项目和责任，随机应变，对新角色保持开放的心态。但是最重要的是，永远不要怠惰或让自己工作得过于舒服。找出你无可替代的地方，然后让身边的人都知道这一点。中年女性应该问问自己：我能为这个职位带来什么？我的能力配得上自己挣的这份薪水吗？

凯特在《时尚》工作时懂得了在职场上着装恰当的重要性。她建议中年女性精心打理自己的衣柜，确保不会穿得太显老。她建议我们在出门工作前问问自己：我看上去处于最好的状态吗？她建议我们咨询能告诉我们实话的人的意见。她告诉我："你总是希望交谈对象觉得你是个说话有趣、有见地的人。为了保持时尚，不妨留心一下年轻人的穿着。例如，在一些行业，已经没有人穿连裤袜了。不要做业内唯一穿连裤袜的女性，那样看起来很老气。"

职场上的竞争很激烈，因此凯特对中年人的最好建议是"不要把计划定得太死"。她告诉我："每个女性都应该有一份备用计划，无论这个计划是一份新工作还是其他赚钱之道。问问你自己：'能让我获得满足感和财富的另一个方法是什么？'如果你跟不上时代了，适合你从事的领域会发生变化甚至消失。问问自己，你从事的行业会发生什么变化，之后找到办法走在行业的前沿。利用自己的直觉,我将其称为'多疑的天赋'。你的好奇心告诉你什么?不要忽略或否认危险信号。要留意你工作中出现的警告信号。"

凯特和我都看到的好消息是,中年女性比同龄男性更有优势,因为女性已经知道如何同时处理好几件事。她建议:"在必要的时候要提升自己。做做志愿工作,发现自己在其他领域的能力。提前了解自己并做好准备。如果你想换工作或追求理想中的事业,你必须提前做好计划。和你认识的人保持联络。与从事你感兴趣行业的人交流,收集信息,找到进入到新行业的最佳方式。确保你和之前所有共事过的人在领英(LinkedIn)或其他社交媒体上取得联系。拥有几位年轻的导师,那种能让你认识新鲜事物、预测潮流的20岁女性。与外界保持联络,因为你永远不知道下一个机会会在什么时候到来。

"与此同时,如果你想在中年改变职业,那么要制订一个明确的计划。不要轻易抵押贷款,要务实和从容。你只有在自己的经济状况得到保障后才能踏实做事。"

让自己忙起来

如果你正处于职业转型期,并正在寻找工作——无论是否出于自愿——都要记住,职场和你刚开始工作时已经大不一样了,找工作可不只是看招聘广告。求职者不仅会借助网络搜索工作岗位,而且也会建立自己的网站,尽可能地进行自我推销。职业咨询师和行政顾问罗伊·科恩认为,中年女性在面试的时候犯的最大错误是为自己和自己的简历道歉。

他说:"面试是向观众展示独特能力的一场表演。在中年期,你的年龄实际上是很多问题的解决方案,因为你拥有激情、热忱以及经验,能够主动、迅速地提出有价值的想法。在面试中,你应该展示你过去所做的成功案例。总是关注对方的需要。"

关于年龄歧视,科恩认为它具有两面性。"要记住,歧视永远存在。有时年轻人会被认为过于年轻、没有经验或者要求的薪水太高。因此有的时候你的成熟是个优势。我曾指导过一位62岁的女性,她被雇用的原因是其他员工都太年轻了,因此雇主希望招聘一个年纪大一些的人,一个可以提供建议的成熟员工。她的年龄帮她得到了这份工作。"

中年的另一个巨大优势就是人脉。步入中年后,你已经认识了许多人,他们会为你提供想法、建议或指引。好好经营你的人脉关系,保持开放的心态。寻找方方面面的人际关系,因为每个方面都可能与其他方面相连,为你带来各种各样的可能。如果你还没有加入某些社交媒体,那就赶紧行动吧。领英是最强大的工具之一,中年人可以用它建立人脉关系网,进行职业沟通。

如果你勇敢地推销自己并建立起有效的人脉关系,却仍然很难找到工作,那么就说明有其他因素在阻碍你找到合适的工作。我认识一位从事公共关系的女性,她想进入出版业和数字媒体业,成为作家和主播,不过她并没有这么好的运气,便把自己的不成功归咎于年龄。她告诉我:"也许我太老了。"她问我有没有什么人脉关系可以推荐给她。我正好有,于是我积极地分享给了她,但她从未联系过这些人。她的问题不在于年龄，而是缺少持之以恒的精神。如果你在取得想要的东西时遇到了困难，无论那是一份工作还是改变方向的机会，你都要努力并客观地审视自己的方法。

首先，重要的是找出你想做的工作，并确定你追求的事情是符合你自身条件的。哈佛研究员施特伦格和拉登伯格认为，中年人改变职业的关键在于，对于能够胜任的工作保持开放的心态，并对你能够实现的目标保持实际的态度，我非常同意这个观点。如果你拥有美妙的嗓音，那么成为歌剧演唱家也许是个实际的目标，但对大多数人来说，这个目标大概很难实现。我一直很想成为摇滚明星，可是我根本不会唱歌，所以我只能在周末与朋友在一起的时候打扮得像个摇滚歌手。

就像在处理情感关系时应该衡量自己的需要一样，在找工作或改行的时候，你也应该衡量自己的需要。清楚地了解自己的能力、想法和想做的事，是对自己负责和找到适合自己的工作的第一步。问问自己下面的问题。

- 我年轻时候的梦想是什么？
- 什么事情能让我快乐？
- 现在对我来说什么是最重要的？
- 在这个阶段，什么事情是我不愿做或无法接受的？
- 我希望自己五年后拥有什么样的生活方式？
- 我需要多少钱来维持生活？
- 我愿意花多少时间、精力和金钱来实现职业目标？
- 为了得到喜欢的工作，我愿意放弃什么？

- 什么职业能让我有成就感?

如果你的目标是符合实际的,那么仔细思考一下,你怎样才能实现它。当你想得到一件东西的时候,你必须抓住任何机会,把自己和你的愿望展示出来。中年是全面探究自己道路的时期。在你达到自己的能力极限之前,不要停下脚步。最重要的是永远不要放弃自己。相信自己知道什么是对自己最好的、什么是你注定要做的。

第九章

开拓精神家园

我的生活中出现过很多影响了我的命运的时刻，既有快乐的，也有痛苦的。这些时刻包括我遇到的人和所处的情境，影响了我的生活轨迹。有些危机幸运地解决了。我对某一次危机印象深刻：我刚刚大学毕业，和几个朋友一起搬到了费城。我没有工作，感觉压力很大，但是与此同时我又充满希望。我对下一步应该做的事有着模糊的想法，我在等待自己的生活柳暗花明的那一天。

做了几个月服务生后，我在北费城找到了一份咨询师的工作。当时，这里是一片危险区域，但是我毫不犹豫地接受了这份工作，因为我终于在自己想从事的行业内找到了第一份工作。

我的老板是一位严肃的女性，很明显，她不喜欢我，我尽可能地学习，把自己的工作做好，表现自己的专业水平，但我还是被辞退了。我绝望极了。那是我第一次在重要的事情上失败，我以为自己的职业生涯会就此结束，我再也不能做我想做的事情了。这时我想到了在大学时读过的一本书，诺曼·文森特·皮尔（Norman Vincent Peale）的《积极思考的力量》（*The Power of Positive Thinking*）。这本书的中心思想是如何将消极状态转变为积极状态。我记得当时我问自己：

我能做什么来改变糟糕的境况？

这种指引改变了我的生活。我记得我把这个问题当成座右铭，在头脑中想象着我应该去做什么，不做什么。我并不知道是上天的帮助、富有创造性的解决问题的策略还是两者共同起了作用，总之，我的确找到了得到理想中职位的方法。被辞退后，我很快找到了一份咨询师的新工作，而这一次，这份工作就如同一份礼物。我的老板宽厚友善，我拥有了学习和成长的自由。那次经历让我意识到自己需要更多训练，因此我申请了宾夕法尼亚大学的硕士学位，并获得了入学资格。在那里读书给了我智力上的刺激和启发，并使我成为治疗师，持续至今。

我的第一份工作没有成功是命运的安排吗？我愿意这样认为。从这段经历中我学到的是，在黑暗的时刻我可能会感到难过或无助，但如果我能把这些时刻当作成长的机会，就能克服一切，尤其是中年的艰难时期。

我们遇到的某些挑战是来自外界的，比如我们已经在书中讨论过的损失、情感关系的变化，甚至包括疾病。而中年期最重要的变化是内在的，是对归属感、新变化以及掌控自己的生活越来越多的需求。女性常常用畅销书作家琼·博里森科（Joan Borysenko）的话来形容中年生活为"净化心灵的时期"。这个过程包括有意识地摒弃不健康的情感关系和信仰，重新与自我进行沟通，并尝试理解如何与他人建立联系，或发展新价值观。正如我们在上一章看到的，对这个年龄段的女性来说，家庭和职场中的人际关系都得到了再次检验，有趣的是，我们的精神基础也是如此。精神和信仰的更新能帮助中年女性获得成就感和幸福。事实上,许多女性选择在中年开始探索精神方面的成长。

探索精神世界的时机

如果我们把中年放在人类发展的大背景下来研究,我们就会明白为什么中年女性会被精神需求吸引。卡尔·荣格认为,中年是我们从"精力充沛,关注生理方面转变成更关注精神和哲学"的时期。荣格认为,一旦精神需求产生,它就打开了一扇通向自我发现、提升精神健康、增强幸福感和整体生活满足感的终生道路的大门。

当生活出现某种波动的时候,我们需要找到方法控制它。对女性来说,中年是我们最有能力处理生活中模棱两可和极端对立的事情的时期。我们已经明白,这个世界并不是永远讲道理,而且有时有些事情是我们无法控制的。我们的世界观发生了变化,这样我们才有机会变得更加清醒、理智和成熟。在中年期,我们一直在发现和重塑自我,所以精神成了重要的框架,帮助我们在和他人建立联系的过程中更好地了解自己。

中年为你带来了情感成长的可能,但首先,你必须意识到你会遇到许多负面的问题。在中年期,我们会自然地关注自我,这是一个合理发展的时期,也是这本书的中心。你已经探究过自己生活的很多方面,比如情感关系、个性等。但是,适可而止也同样重要,因为极端的吹毛求疵可能会让你抑郁。正如我之前所说,我们更容易自发注意到生活中出现错误的地方,而忽略正确的部分。当我们花大量时间回顾遗憾、痛苦、屈辱和失望，我们就会不自觉地变得更加以自我为中心。我们每个人都是自己生活的中心，但我们并非宇宙的中心，我们注定不是。以自我为中心的生活方式会使我们感到内心或情绪空虚，觉得生活失去了意义或感觉与他人和周围的世界失去了联系。这种形式极端的空虚会使我们感觉被孤立、麻木或像是生活在与世隔绝的壳中，成了一个不完整的人。

讽刺的是，以自我为中心的人常常过于敏感，容易被冒犯。他们内心深处的自大决定了他们希望自己受到何种对待。一旦要求没有得到满足，他们就会觉得受到了伤害或冒犯。他们也会以伤害自己或他人的方式行动，误以为这样会获得幸福。这会导致成瘾或冲动的行为，也许在某些时刻会让他们产生快乐的感觉，但最终会造成严重的后果。自我中心者无止境的欲望不可能得到满足，因此他们的不满足使他们把自己和他人隔绝起来。如果一个人只站在自己的角度解读世界，那么这个人很难同情他人和接受其他观点。自我中心的观点也会影响我们的能力，使我们难以发挥出最佳水平。陷在以自我为中心的模式里使我们只能从一个错误的角度观察世界，这种局限性的视角不仅剥夺了我们的快乐，同时也孤立了我们，使我们无法发挥自己的能力和潜力。要想发展情感，我们必须能够排除发生在自己身上的事情的影响，这样我们才能从不健康的行为中解脱出来，将自己提升到更博爱、更强大、更慷慨的境界，而这正是精神需求的内容。我们在中年时的任务是克服自我中心的观念，把视角从"我"转变成"我们"。宗教研究学博士苏茜·迈斯特（Susie Meister）告诉我："虽然在中年期我会本能地注意自己，但是当我把更多的注意力放在他人身上,放在研究人们如何相互影响与交往上时,我感到更快乐、更满足。"

精神追求对中年的益处

精神已经成为心理学的一个焦点,各种研究表明,从精神入手的治疗具有实实在在的好处。有些研究把有精神追求的中年期称为"信仰成熟期",研究人员清晰地指出,信仰成熟比任何具体的宗教归属、活动或信条更能促进精神健康。成熟的信仰指的是一种逐渐形成的、探究性的信仰,能够把个人与一种更强大的力量联系在一起,提供统一的生活哲学,并鼓励个体采取有益健康的生活方式并承担社会责任。其他研究把采用精神方法描述成"精神健康"的必要成分。许多人认为,拥有自己的精神世界对我们获得其他方面的健康是必不可少的。

研究人员总结了精神健康的四个组成部分。

- 意义和目的:寻找能够使我们充满希望并增强内心动力的活动或情感关系并参与其中。
- 精神财富:依靠我们内心的力量或直觉,找到内心平静的定义,并在生活中继续前进,拥有更强的恢复能力。
- 超然:超越个人利益来满足他人的需求和周围环境的要求。
- 积极互联性:在更强大的力量存在的前提下,让自我、他人和自然相互关联。

一个积极的精神世界能提升你的思维、身体和精神状态，科学研究清楚地表明，采用精神方法和实现整体幸福之间有一定的联系，其中幸福的衡量标准是对生活的满意程度、抑郁程度、焦虑程度和心理压力程度。这也许是因为，精神能够使我们减少寂寞感，并通过展示出世界的美好和人际关系，为我们的自怨自艾、焦虑和绝望情绪提供一个出口。在中年期，精神追求能让我们通过更有意义和目的性的方法与世界加强联系，从而把注意力放在真正重要的事情上。我们的目的感越强，孤独感和孤立感也就越少。同时，认为自己是大集体中的一部分，能够让我们与身边的人分享自己的经历——包括疑问和快乐，这样会感觉与他人联系更紧密，获得更多支持。

　　精神的超然性让我们可以从一个不同的视角看待自己的生活。苏茜·迈斯特（Susie Meister）博士认为，精神的观点能够为我们提供一种脱离传统的看待生活的角度。当我们用自己狭隘的视角看待世界时，我们会对自己的理解力、生活方式和能力施加限制。例如，我们人格中自我意识的部分代表"我"这个身份，以及我们如何看待自己。然而自我意识只是我们本身的一小部分，并不包括我们的潜意识，即我们人格中原始的部分，或弗洛伊德的"本我"希望满足的部分。自我，或我的观点是唯物主义的，而精神主义帮助我们了解的是，与他人相处的方式永远比我们拥有的事物重要。

　　精神让我们超越自我，用信仰或积极的联系告诉我们一切皆有可能。如果我们拥有精神追求，我们就能够从更宏观的视角看待生活，忽略细节上的不完美。在中年期，我们开始意识到，我们可以用很多方法看待自己、我们的选择和所处的环境。当我们开始使用精神的方法，我们对自己的了解会更深入，对新的经历和情感关系也会更加开放，这些都能为我们提供与我们当前不同的视角。

精神的观点能帮助我们适应生活中的困难，并从整体上提升我们的生活满意度。它还提供了看待生活的治疗性视角。同时，它提高了我们的恢复能力。精神的观点每天为我们提供超越平凡、实现非凡的机会，它强调了一个很有价值的观点，那就是我们不需要对世间万物的运作方式有全面认识也可以达到我们的目标。有时候，我们需要接受其他一些出人意料的可能性。这样一来，拥有精神家园便可以对我们的自我进行保护，并让我们能以合理的方式观察与接受世界。追逐我们没有的东西会使我们失去理智，让我们很难坐下来问问自己："我目前拥有什么能让我感觉良好的事物？"

精神家园帮助我的很多中年患者以良好的状态面对各自的生活挑战。有时，你需要感受自己的全部情感。让自己放纵甚至沉迷于这些情感中的行为从某个角度说是健康的，有利于排解压力。但如果我们陷入这种糟糕的状态中无法自拔，那么它对我们来说就是有害的。然而，如果你可以用信念对自己说"我相信这种糟糕的状态不可能永远持续下去，我还拥有很多其他的东西"，它就给了你一种疏解不快情绪的方式。

我的患者唐娜在中年发现了自己独特的精神家园，这种方式改变了她看待世界的视角。她在事业上遭遇了一系列挫折，于是找到了我。她曾是一名成功的企业家，开着豪车，挥金如土。但2008年股市大跌，她不得不卖掉了公司，糟糕的经济状况使她损失惨重，精神上也变得抑郁。我向她推荐了斯奎尔·拉什尼尔（Squire Rushnell）的《感应：决定命运的力量》（When God Winks）。

在读过书后，唐娜开始重新审视自己的生活，并以更超然的态度对待生活，寻找生活对她来说重要的部分。这种崭新的态度让她觉得自己更加重要，更有活力。我们重新定义了她面对的经济问题，把糟糕的状况看成一种机遇，能够给她前进的动力。她的新视角让她学会了自己决定该如何渡过难关。在我的帮助下她懂得了在现在的不幸中寻找启示意义，这样一来，痛苦、怨恨和忧虑就会减轻。这个方法帮她忘记了过去，让她能够专注把现在做到最好，从而在未来做出更好的选择。

曾获得艾美奖的黛博拉·诺维尔认为，精神家园为中年女性提供了生活和存在的意义。她告诉我："快乐的人知道自己存在的意义。不快乐的人会觉得不踏实，因为他们还没有找到自己的意义。"

心理学家马丁·塞利格曼（Martin Seligman）以科学方法研究了快乐生活的必备要素。他发现，能够发现并发扬仁慈、自律和坚韧特质的人是最满足的。塞利格曼认为，快乐充实的生活有三种类型，而这三种都与精神追求有关。

- 愉快的生活：现在、过去和未来都追求积极的情感（与精神中的意义和目的部分相关）。
- 美好的生活：用你独特的能力从有趣的活动中获得满足（与精神财富相关）。

- 有意义的生活：运用个人优势为集体效力（与超然和积极互联性相关）。

利他主义的力量

精神有一种积极的副作用，那就是利他主义的态度和行动。苏茜·迈斯特认为，当一个人想从宗教中寻找主题，就会发现许多教义都包含着某种形式的黄金法则，或对他人做善事以及限制个人利益的原则。宗教教义中的这个部分体现了智慧，让人能够平等、仁慈、有爱、善良地对待他人。我认为，拥有精神家园的人，在感受、思考和看待事物时更看重他人的利益和需要。有趣的是，当我们为他人考虑的时候，我们反而会受益。利他主义教导我们形成以他人为中心的价值观，使我们了解自己对他人的价值。

心理学家亚伯拉罕·马斯洛（Abraham Maslow）是正能量心理学之父，他认为生活的真实目的并不是让自己变得完美，而是通过与他人建立联系来提升自我。多项研究表明，志愿者工作能够提升生活品质。志愿者工作能够让我们更愿意帮助生活中熟悉和陌生的对象，拥有世界公民的心态，以超越特定种族或国籍的身份来定义自己。

在中年期，利他主义具有非常重要的作用，因为中年人能以崭新而富有创造力的方式利用自己从过往的经历中积累的观点和智慧。走出自我中心的世界，能让我们的生活更有深度，更有效率，更有意义也更有同情心。

下面这些方法能帮你形成和培养利他主义。

- 读出或思考"社区"和"关系"这样的词,能让你变得更容易为他人着想。即使是最微弱的暗示也能帮你走上正轨。在一张纸上打出"社区"一词,并观察它如何影响你的思维。也可以制作或收藏鼓舞人心的文摘,来激励你更加靠近你的榜样。
- 与周围的人分享诚实、积极的想法。这些想法能够产生快乐的共鸣。
- 把注意力放在需要你帮助的个人而不是无生命的统计数字上。你们之间的相同之处哪怕小到"我们都需要吃东西",也会增加你与他们的情感联系,激发你帮助他人的欲望。
- 找一个符合你中年心态的慈善机构,成为其中的一员。
- 每个月至少做 30 件好事。在此期间,你能训练自己参与到大大小小的善举之中。
- 寻找乐于助人的榜样,可以从社区或你的熟人中选取,这个榜样要能够激励你,使你发挥出内心的利他主义精神。阅读有关利他主义善举的描写也能激励你变得更加慷慨,同时还能够使你更加真诚,更具有正能量。
- 问问自己怎样才能成为他人体贴无私的榜样,尤其是你身边的人。要以身作则。

中年的感恩之心

我们已经讨论了感恩怎样才能成为消除遗憾的工具。感恩,或者表达感谢的能力,也是精神家园带来的益处。当你处在感恩的状态中时，你看待生活的观点也更加积极，更容易欣赏到生活的美好。

黛博拉·诺维尔在她的著作《感谢的力量：让感恩的科学为你所用》（*Thank You Power: Making the Science of Gratitude Work for You*）中写道，当你的生活不那么顺利的时候，感恩的心态非常重要，它会帮你找到生活中正确的部分。诺维尔告诉我："感恩是一种古而有之的工具，直到最近它的力量才得到人们的肯定。我每天都会写下我想感恩的三件事，我的手机上甚至还有专门的应用程序用来记录。看看自己的感恩日记，你的发现会让你感到惊讶。"

加利福利亚大学戴维斯分校的罗伯特·埃蒙斯（Robert Emmons）博士研究了感恩心态给人带来的影响。他发现，定期写感恩日记的人，身体问题更少，对自己的生活感受更积极乐观，也更愿意为他人提供情感帮助。同时，参与调查的人也更机警、热情、果断、专注。感恩能够抵消你的消极情绪，帮助你把注意力从糟糕的事情转移到好事上来。大脑的基本组织原则是避免威胁并争取最大限度的回报，正是因为这一点，我们生来就能够识别和体验这两种情况。然而，只有关注这两种情况时，我们才能感受到它们。因此，当我们专注于感恩，大脑就会释放出能对我们的思维和情绪产生积极作用的化学物质，这种物质和我们开心或专注时产生的物质是一样的。一个毫不令人感到惊讶的事实是，诺维尔在写书做研究时发现，拥有感恩之心的人更聪明，处理问题的能力也越强。而这两点都是中年时最值得培养的重要品质，因为我们需要在这个阶段做出许多关于生活和未来的重要决定。

做一个精神世界更丰富的女性

精神世界也许是一个令人望而却步的概念，尤其是对没有精神传统或长期不经营精神家园的人来说，但是进入精神世界中的方法可谓多种多样。无论你是通过参加志愿者工作或宗教活动、和孩子们在一起或者研究烹饪技巧，都有可能获得精神上的满足，从而发现适合自己的方式。

黛博拉·诺维尔建议想进入精神世界的无神论者寻找一种与自然建立联系的方式。她告诉我："自然让你感觉到它与每一个人都是有关联的。我们都能看到美丽的日出和日落。花些时间观察你身边的美好。走到户外呼吸新鲜空气。做一些能让你和自然重新联系在一起的事情。停下来看看花朵。让自己沉浸在当下。去宠物店逛逛。逗一逗婴儿。奇迹随处可见。"

一位犹太教学者薇姬·阿克斯告诉我，虽然中年女性独处的时候也能够拥有精神世界，但她们在团体中似乎更有活力。我认为原因是女性在团体中可以满足自己建立牢固情感关系并与志趣相投者交流的愿望。同时，团体能够提供归属感和安全感。阿克斯解释说："离开团体后，精神会失去力量和意义。与他人分享某些神圣的时刻更有意义。不仅仅是宗教活动，许多其他的事情也是如此。在我们的团体中，无论成员以何种方式在何时聚集在一起，我们都会产生凝聚力和归属感，也会产生亲密感。团体、音乐、社会行为和相互作用——都是让我们共享精神世界的渠道。"

任何一起探索精神世界的女性团体，无论是姐妹聚会、社会活动团体还是宗教学习小组，都能够建立人际关系，提供社会支持。这些团体的宗旨是感受到来自成员的支持和挑战，同时制造独特的经历。这些团体最后会像家庭一样，让我们感觉受到了关心和爱护。你可以尝试加入某个团体，先看看这里是否适合自己，再决定是否长期加入。你选择加入的团体应该是让你感觉舒适和安全的。多进行比较，在找到合适的团体之前不要轻易做出选择。

中年女性也能够通过富有创造力的工作进入精神世界。借助创造力，想象力可以不受标准的约束，可以改变现实生活的平凡，用身体、情感和欲望的力量找到不同的生活之道。通过创造性的行为过程，我们能够发现并表达自己的真实想法、价值观和理念。激发艺术创造力后，我们可以发现新的生活方式。

心理学家罗洛·梅（Rollo May）将创造力描述成"形成新事物的过程"。卡尔·荣格认为，我们产生的想象既表达了人类的深度经历，也提供了关于真我的重要信息。荣格还认为，想象会给予我们线索，让我们发现自我，找到我们还没有达到的目标，从而帮助我们通向精神世界。

在创造的过程中，你会建立一个供冥想的空间，可以完全沉浸其中。当你把创造力视为一种自我发现的实践活动，而不是纠结于最终一定要有所成就，那么你可以更加自由地进入精神世界。享受你的精神生活并从事创造性活动总是能带来更多精彩。

你选择怎样发挥自己的创造性来建立精神世界并不重要，无论是绘画、编舞、摄影、制作剪贴册、园艺还是烹饪都可以。如果你喜欢唱歌，那么你可以感受内心深处的旋律，它能使你的心绪平静下来，让你听到自己内心的愿望。音乐有记录时间、空间和共同经历的力量，能够强化精神团体的凝聚力。

你甚至可以把做过的梦当作灵感。阅读你喜欢的诗歌或尝试写作都能滋养你的精神世界。黛博拉·诺维尔认为做手工也是精神表达的一部分。她告诉我："我认为每个人都有必要将自己培养成为心灵手巧的人，学会把原材料变成有意义的东西。你的目标不应该是成为多漂亮或多么受欢迎的人，因为美丽总有一天会逝去，他人的喜爱也只是一时的。你的目标应该是更实际的东西。也许是做一顿大家都喜欢的饭菜，也许是用布料缝制出一件漂亮的外套。我在办公室里放了毛线球，我知道我能做出每一针每一线我都喜欢的帽子。我可以把它送给我的孩子，这样在我出门工作的时候他们就能想起我。我认为将精神世界实物化是非常重要的。"

创造力能够增强你在面对日常压力时的复原力，这对女性来说是一个合适的选择。许多人都认为，把培养创造力当成一种个人疗法，能够带来其他方面的好处，我很赞同这个观点。我常常把创造力训练用在我的患者身上，帮助她们恢复积极、获得智慧并变得更加健康。

向青少年学习：拍照发社交网络

神学家杰里米·贝格比（Jeremy Begbie）认为每个人都有创造和欣赏艺术的欲望，这也许就是为什么许多青少年会在社交网络上发布自己的照片。艺术无疑是发现世界的重要渠道，它能让我们自发地变得好奇、兴致盎然，让我们愿意去探寻内心世界深处隐藏的事物。艺术让我们以更深刻、更发自本能的角度观察生活。

这个训练的目的是培养你内心的"摄影师"，从而帮助你发现存在于你身体之内的创造力。每当你想探寻创造力的时候，就拿出相机或智能手机按下快门吧。

- 拍下任何你感兴趣的画面。
- 从这些照片中，选择出你最喜欢的 20 张，制作一个属于你自己的相册。在每张照片下面，写下这张照片的意义，或是它对你、你的生活以及你的梦想有什么意义。有没有什么主题或线索突然出现？你从中发现了哪些自己之前没有注意到的方面？这个方面是否将某一个精神主题或启示物体化了？
- 现在发布你的照片吧，看看你的朋友和家人是如何回应的。你的艺术品让他人产生了哪些反应？

寻找生命的意义

在中年期，我们都希望了解自己遭遇的挫折到底有什么意义，从而对自己和生活更加充满希望。在我们寻找意义的过程中，我们依靠着精神世界或信仰，心中想着"任何事情的发生都是有原因的"。我们产生这种态度的原因是，从文化的角度来说，有些事情用我们现有的智慧是无法解释的。

我曾在电视上为某些极端案件和事故做过心理评论员。

因此我倾向于认为任何事情的发生都是有原因的,我也知道糟糕的事情会发生在好人身上,生活并非总是公平的。因此,虽然我不敢肯定每件事背后一定都有原因,但是我可以肯定的一点是,我们寻找意义的过程可以让我们更加健康地生活。我们的态度能够让我们将生活中发生的痛苦当作成长的机会,变得更加强大,实现重要的突破,为我们的中年以及此后的人生带去重要的影响。

我认为生活是自由意识和命运的结合体。痛苦的事情发生过,而且会继续在我们的生活之中发生,这是谁也无法逃避的。我们经历的每一件事都是一个更大的难题的一部分,我们在经历的过程中很难完全理解这个难题。18世纪的犹太玄学家巴尔·谢姆·托夫(Baal Shem Tov)认为,如果我们能够以更清晰的意识理解这些情况,尽可能地承担责任,那么我们就能治愈自己的伤痛,并进入自己最深层次的精神世界。

亚里士多德认为,人一生中发生的一切都是有原因的,而这个原因能让我们变得更强大,成为最强大的自己。我们可以把这些时刻看作我们变得更好、更优秀、更进步的标志。

犹太教中有一种"修行"的概念,原意是"修理"或"修复"。犹太玄学主义者认为,我们来到这个世界的时候是不完美的,因此需要通过修行来改善自我,通过纠正自己的行为来获得灵魂的满足。这是一个非常有趣的观点:发生在我们身上的事情是注定会发生的,因此我们在以自己需要的方式成长着。

生活中某件事情发生的原因也许并不明显。有时,有些事甚至让我们痛心不已。我们的目标是学会应该如何度过伤痛期，并成为一个更优秀、更有智慧的人。我们要努力从任何事情中有所收获。在生活中，你会做出许多不同的选择，这些选择无疑会影响你的人生。

黛博拉·诺维尔也认为一切事情的发生都是有原因的。她告诉我："但我也认为能否找到这个原因和目的取决于我们自己。这些事情就像是生活中'振作起来吧'的时刻。也许这些时刻正是迫使我们前进的力量。这些事件令我们震惊，迫使我们改变角度看待问题，让我们回过头来看看自己所处的状态和出现的问题，这样我们才能进步。"

第十章

发现新的目标和意义

在中年期，我和朋友的谈话语气与年轻时有了些许不同。在我们二十几岁的时候，我们的谈话常常围绕着对未来的畅想和我们渴望拥有的事物。我们分享自己的目标、希望和梦想，有时也会谈论一些感情八卦。我们中有很多人实现了自己的目标。因此，我以为当我们聚在一起的时候都是非常快乐的，但事实恰好相反。

今天，关于目标和梦想的讨论还在继续。我们仍然渴望从生活中获得更多，也希望经历更多。我们也可能会重新思考自己从前的目标，就会发现有些是自己真正想要的，而有些是过眼云烟。最有趣的是，我们的目标发生了变化，不再包含已经获得的实体：房子、车子、丈夫。现在，我们的目标变成了怎样才能适应更大的格局。现在我和我那些有理想、雄心壮志的朋友开始寻找人生目标和意义。

和我们一样忙碌的女性会轻易受到自己肩上责任的影响，但是如果生活被各种要求填满，我们就无法回应灵魂的呼唤。在中年期，我们寻找自己需要的东西，让自己感受到快乐、鼓励、感恩和平静。当你找到真正的自我并确定了目标，答案就会浮出水面。

拥抱变化

在人生的任何阶段，你都可能有想得到并努力争取的目标。但是当你步入中年，你会发现你之前想要的东西——也许是一份工作、一段感情或是更好的自己——已经发生了变化。许多女性发现自己会有这样的想法：我真的很不快乐，我现在想做些别的，这份工作已经不能满足我的需要，我最好能够重新整理自己的生活。

我们人到中年以后，目标会受到许多事情的影响。我们也许想从自己的父母和老板那里得到肯定，或者希望符合社会或同龄人的期望。有时候，我们试图向世界展示的自己并不是内心真实的自己。有时候，我们只是想逃离自己的生活，虽然这样的生活我们已经过了很多年。

有时候，变化是强加在我们身上的。比如，当我们拥有了一段新的生活经历或受到了某种伤害，我们的世界观和价值观就会发生改变。伤痛让我们停下脚步，重新审视自己的日常生活。如果我们以健康的方式处理这种暂停，我们的思维格局就会变得更加开阔。能够理想地利用生活中的暂停，为自己的生活增添价值、意义和指导，这样的中年生活才是成功的。

不考虑原因，我们的目标在中年发生变化不仅是十分正常的，也是可以预见的。好消息是，女性——有时候也包括男性——不再把这些改变当作中年危机的一部分。你已经了解我们一直在成长和改变这个事实，因此我们的人生目标并非一成不变的，至少没有我们想象中那样固定。

我坚信,寻找目标是一个人永葆青春的秘诀之一。在寻找的过程中,你需要定义自己的目标,让自己变得富有创造性,而在探索的过程中,你会再次感受到想要尝试新鲜事物的那种青春活力。用你的热情点亮前行的道路是需要勇气和实践的,而这个过程是令人愉快的。最棒的是,当你找到了自己的目标并为之努力,你会变得非常平静:你正在向自己的目标努力,因此对未来的焦虑就会越来越少。你还会与跟你走在同样道路上的中年女性建立联系,这样你的生活就不再是一成不变的,你也不会再感到无聊。在追求目标的过程中,你总是有新事情要去做,有新东西要去学,这会让你的生活变得有趣和快乐。

寻找目标的过程让你有机会重新做出选择。不要再把他人的理想强加在你自己身上。你内心的声音不再是"我的家人知道什么对我更好,社会知道什么对我更好,我的朋友比我更了解我自己"。现在你的想法如同进行了一次健康的革命,变成了"其他人不会比我更了解我自己,我知道什么是适合我的,我了解我的灵魂,我真的对这件事很有热情,因此我需要坚持下去"。你问问自己"嘿,我做这件事的目的是什么",就有可能开始这种探索。

这种经历在某种程度上与青春期有相似之处。青少年的任务是变得更加独立,因此他们会努力从父母身边独立,开始倾听自己内心的声音。在中年期,我们开始努力从情感上摆脱来自家庭、社会或文化的压力,这些压力令我们感到窒息,已经不再适合我们。我们终于能够战胜外界的压力,尊重自己的感受,有了这种新的自由,我们就能够去探索自己的真实状态了。

定义你的中年目标

定义目标时，你需要对自己有深刻的认识，并清楚自己想做什么，这会让你变得诚实和满足，做出真正适合你并符合你兴趣的生活选择。你需要用你的天赋和能力去影响他人，同时也影响你自己。这就是为什么你的目标不该是节食和减肥，而是帮助你的家人制定更健康的生活方式。

在选择目标的时候，你要确保自己能分清真正的目标和愿望或幻想。我一直告诉我的患者，我想成为一名享誉全球的摇滚明星，但这当然不是我的生活目标。我不会唱歌，过去没有学过，将来也不会去学。我不会做任何事去实现这个幻想，它根本不会发生。我不会因此而感到难过，永远不会发生正是这件事的美好之处。

目标和幻想之间的区别是，你的目标来自内心的渴望，而且你能用你自己独特的天赋来实现它。当你认为自己的生活中如果缺少了某种热情你就不会快乐，那么你已经找到了目标。例如，许多中年女性希望能做些有意义的事，这包括很多内容，比如花时间陪自己的家人、做慈善，或是投身于一项你热爱的事业。"有意义"的方式很多，可以是投身于工作中有意义的项目，也可以是以独特方式做出贡献，或是以一个全新的视角观察自己的生活，并发现你之前从未发现的目标。

寻找目标无须将你的生活彻底推翻，但是在这个过程中，你会发现自己人格中的不同方面，并让这些方面有机会得到表达。例如,如果你一直希望自己更有活力、身体更健康,但你的工作需要久坐,那么你应该进行必要的改变来实现这个新目标。有时候,在生活中加入一个元素就足以让你觉得找到了真正的自我。你的目标无须为你带来更多的经济收入,它可能是你生活中的某个组成部分、你已经在做的某个领域。举个例子来说,我的同事电视主持人乔伊·贝哈尔(Joy Behar)在步入中年之前一直在办公室里工作,但她一直想成为喜剧女演员。一年前,她开始在喜剧俱乐部参加夜间活动,甚至没把这件事告诉她的丈夫,因为她不知道他会怎么想。最终,她实现了事业上的改变,而且她做的事情是她知道自己会喜欢的。

现在,你可能已经对自己想怎样改变自己的生活有了一些想法,包括感情关系、工作、健康和经济状况。这些方面的改变都有助于你找到自己的目标。是时候把这些想法转化成行动了,这样下一阶段的冒险也会就此展开。

请严肃地看待自己的目标。如果你想成为一名艺术家,那么就把自己当成艺术家。中年时,你不再一味地追求他人的认同,你无须得到外界的肯定,但是你需要懂得肯定自己。所以,你要学会相信自己,改变自己,提高自己,掌控自己的方向。之后如果你想得到外界的进一步肯定,那也未尝不可。你完全可以这样做,但是你必须首先肯定自己。

证明自己的方法多种多样。假设你会做精美可口的蛋糕,想利用更多的时间成为一名糕点师。一旦你产生了这样的想法,那么不妨去做一张名片,这很便宜。在名片上印上"糕点师"字样,然后把它发给你的亲朋好友。每天、每周和每月都要花些时间来做蛋糕。因为你先把自己当成了糕点师，在你意识到之前，你已经成了每个人心目中那个"会做蛋糕的女孩"。

如果你完全不知道自己的目标是什么，也不要有压力。你可以拿你偶像的生活为例做一次分析，也不要放过自己的白日梦和幻想，看看这些素材能否为你提供灵感。你的白日梦和幻想能让你打破现实的局限，直面自己最隐秘的想法，这就是为什么它们对于探索目标来说如此重要。做白日梦让你有机会尝试不同的角色和不同的生活方式。虽然你的白日梦并非一直指向正确的地方，但它们能够让你捕捉到内心深处最真实的愿望。

实现有意义生活的秘诀

只有在实现了目标或人生价值后，你才能获得有意义的生活。当我们的生活中充满意义，我们就能找到自己做出各种选择的潜在原因。有意义的生活让我们拥有表达自我的机会，让我们获得满足感，实现自我价值。有意义的生活的要素是，我们能够真实地表达自我，应对挑战，发挥自己的潜能。

我们在上一章中提过，寻找意义是精神健康的核心要素。维克多·弗兰克尔（Viktor Frankl）的著作《活出生命的意义》（*Man's Search for Meaning*）被评为在美国最具影响力的十本书之一。他在书中写道："当我们完全懂得如何回应生活和如何表达自我以后，生活的意义就会不期而至。"对我来说，这是关于追求意义和拥有精神世界丰富、充满同情心的生活的关系的最佳表述。

有意义的生活有别于快乐的生活，当然我希望你两者都能拥有。如果你能找到生活的意义，那么你也会开心许多，不会再沉浸于悔恨之中，也不会因为外表或情感关系的变化而苦恼。研究表明，当我们找到了生活的意义，生活的整体满意度和我们的健康水平也会提高。我们的复原力和自尊心也得到了增强，不再容易感到抑郁，这种效果甚至比我们追求幸福的时候更为显著。事实上，只追求幸福而不追求意义会让人变得自私和浅薄。正如维克多·弗兰克尔所说："当一个人因为致力于某项事业或关爱他人而忘记了自己的时候，这个人会更具有人性。"我想补充的是，你也会感到更加充实和满足。

佛罗里达州立大学的罗伊·鲍迈斯特（Roy Baumeister）博士认为，人生意义与一个人是否健康、富有或享受生活无关，但幸福与这些因素有关。他指出了幸福生活和有意义的生活之间其他四个不同之处。

- 幸福是指关注当下，然而有意义代表着思考过去、现在和未来。幸福可能稍纵即逝，但意义会长久留存。这也许就是目标和意义总是一起出现的原因。
- 意义来自于为他人奉献，而幸福来自于他人的给予。
- 有意义的生活包括一些愉快或不愉快的挑战。面对无法战胜的挑战或困难能够为我们带来意义，却无法产生幸福。

- 自我表达是意义而非幸福的重要组成部分。通过行动表达自我能够实现有意义的生活,但未必是幸福的生活。

向青少年学习:开启新篇章

我希望我与你们分享的这些经验和鼓励能够让你们发现自己中年期的所有潜能。这些有助于你们找到生活中的更多目标和意义。和青少年一样,还有很长的生活摆在你面前,不要浪费任何一刻的时光哀叹自己已经无路可走。我能告诉你的最重要的事是:中年不是任何事情的终点,中年实际上是一个崭新阶段的开始,值得你去期待。

让我们一起为你的中年生活书写一段新的故事吧。回顾一下我们讨论过的所有话题,思考一下自己在这些方面的表现如何。现在的生活是你想要的吗?请记住,要友好并客观地对待自己,带着爱、同情心和宽容接受自己的决定。现在请你回答下面这些问题。

- 我从这本书中了解到了哪些关于自己和生活的事情?
- 我发现了自己的哪些天赋?
- 我自己最大的优点是什么?
- 为了使我的中年生活变得完整,我最需要什么?
- 为了让我的中年生活更有意义,我需要做出哪些调整?
- 有哪些事情是我应该从生活中删掉的?
- 我对自己有什么建议?

苏珊娜·萨默斯

苏珊娜·萨默斯总是那么年轻,那么有活力。她多次转行的经历告诉我们,她不是个一眼就能看到底的人。她是演员,是作家,也是商人。她坦率地告诉我:"我生活的基础很简单。我只吃有机食品,适度锻炼。20年来,我一直注意补充天然激素。我热爱自己的工作,在过去25年里,我写了25本关于健康和家庭的书,经营着自己的电视市场营销工作,还在网络电视部门工作了11年,同时在拉斯维加斯的夜间秀场担任主演。对我来说最重要的是我的家庭,我有3个孩子、6个孙辈,还有我的丈夫艾伦,他是我48年的生活伴侣和商业伙伴。我们无时无刻不在一起,35年来没有一天晚上是分开的。我们相互依赖。"

她对工作和生活的热情深深地打动了我。积极的态度让她容易接受生活中的改变。当我问她,是不是做演员的经历让她更有活力并更加年轻时,她立刻回答说,她年轻的活力来自于当下正在做的事,而不是过去做过的事情。她告诉我:"几十年来我并非一直从事表演。我认为表演和一个人的活力或年轻状态毫无关系。"

我问她是否担心自己会衰老,会变得默默无闻。她回答道:"我从不担心衰老的到来。我喜欢自己的年龄,事实上我的年龄正是我的优势。我希望自己能够成为榜样,帮助女性拥抱自己的中年生活,不去担心自己是否正在走下坡路。担忧是你不需要做的事情。"

萨默斯从事着许多职业,而且继续为她所做的每一件事注入热情和意义。她告诉我:"我曾多次超越自我,以后我也会继续这样做。当我要求和男性同事拿同样多的薪水而被《三人行》（Three's Company）剧组解雇的时候，我就决定再也不为别人工作了。这是个很棒的决定。20世纪80年代，我生活在拉斯维加斯，并成为年度娱乐人物。我创作了25本书，其中14本进入《纽约时报》畅销书的排行榜。我在电视剧《一步一步来》（Step by Step）中出演了7年。我的公司制作了上百部获得许可或已经发行的产品。我在美国、加拿大和西欧举行过讲座，告诉读过我的书的女性们如何不借助药物就达到最佳健康状态，如何补充我们在衰老过程中流失的身体元素，从而把癌症、中风、心脏病和阿尔茨海默病的患病率降到最低。我不是在对自己的成绩扬扬自得，我只是想告诉你，我怎样去设计自己的生活，从而实现了个人目标和事业目标。"

之后她告诉我，对她来说，中年生活中最美好的一点就是她现在拥有的爱。"我现在拥有一切，而且心怀感激。我的成长环境十分恶劣。我的父亲疯狂地酗酒，我跟兄弟姐妹只能和母亲睡在反锁的壁橱里，以躲避父亲在夜晚的暴怒和殴打。许多治疗和关爱让我放下了过去，我真的很感激现在拥有的一切。幸福是没有秘诀的，当你决定了自己想要什么，去做就是了。当我知道自己在情感关系或事业中想得到什么，我就会去争取。遗憾的是，很多人在等待事情发生。我认为，我们想要的东西只能靠自己去争取。"

萨默斯并不害怕衰老，因为她懂得活在当下，不去为未来担忧。她说："害怕或担心衰老是活在未来的表现，而我选择活在当下。我珍惜现在的每分每秒，这样我就能感受到内心的平静。"

生活会变好的

美国中年发展研究在 65 岁以上的女性中展开了一项调查，询问她们最想回到什么年纪，绝大多数人没有选择青春期、20 岁和 30 岁，而是想回到 40 岁。这个选择是有道理的：虽然我们会在中年遇到很多挑战，但是一旦你战胜了这些挑战，生活就会变得非常顺利。所以，如果你刚刚读这本书的时候感觉生活灰暗，那么告诉你一个好消息，你正在通往幸福的路上。中年时遇到的挑战也许是你应该经历的准备工作，一旦度过了困难期，生活就能够变得越来越好。

现在你已经知道该如何对抗年龄歧视，如何重新按照自己的实际情况书写你的故事了，并能从青春期的经历中汲取能量、乐观和冲破条条框框的创意，来享受各种奇妙的可能。你拥有了前所未有的机会，能够过上自己真正想要的生活。现在你正在主宰自己的生活。出发去享受这段旅程吧。

致　谢

　　我热爱写作的原因之一是，它并不是我一个人的工作。我很幸运能够遇到许多有趣、聪明和高尚的人，并与他们共事。首先我想感谢一直以来担任我文稿代理人的安德鲁·斯图尔特，感谢你的忠诚和支持。正是你对文字的精通和对读者的了解让我有自信开始这段旅程。感谢你一直以来的支持。

　　感谢南希·汉考克和HarperOne出版公司信任我，投资并最终推出这本书。感谢我的编辑吉诺维瓦·略萨对这个项目的热情。我很幸运能与略萨和她的助手汉娜·里维拉共事，你们充满智慧的想法令我受益良多。你们为这个项目增添了许多欢乐，能够与你们共事是我的荣幸。

　　感谢帕姆·利夫兰德，你的写作、编辑和组织技能以及在整个写作过程中对我的帮助都是非常珍贵的。感谢命运让我们相聚。我不仅在和一位优秀的编辑共事，而且也收获了一位优秀的朋友。

　　同时感谢朋友们的支持。感谢芭芭拉·卡萝尔，你如此美好，又精通图书馆学，若没有你的帮助，我的研究不会如此完整和深入。我真崇拜你！感谢温迪·沃尔什为我的研究贡献时间和人脉方面的帮助。我的文学沙龙对我写作这本书给予了很大的帮助。感谢克里斯蒂娜·奇德欧博、斯泰茜·施奈德、伊丽莎白·布拉德利、迪迪·芬伦、凯伦·尼洛、丹尼丝·夏普、朱迪·布里尔、埃莉斯·马戈利斯、谢里尔·伯克、埃丽卡·斯科尼克、苏·奥查特和帕姆·普赖斯，你们真诚地分享了自己对中年的感受，给我的创作提供了素材。你们每一位的生活都是这本书的灵感来源。我尤其想感谢一下唐尼·多伊奇、伊冯娜·奥弗、我的姐姐拉米·夏普和洛丽·罗森鲍姆，以及丹妮丝·夏普和琼·赖德·路德维希，感谢你们与我分享自己对中年生活的独特看法。特别感谢纽约市的 Hi-Life 餐饮团队，尤其是我们的协调员厄尔·吉尔，感谢你们的热情款待，让我们沙龙的举办得如此顺利。你们的工作人员都很有爱心，而且非常专业。

非常感谢我的电视经纪人马克·特纳。你总是帮助我，支持我，让我实现了许多职业目标。我很感激你愿意为这个项目联络其他优秀的客户，使我得以了解他们对中年的看法。

我要特别感谢我的母亲海伦妮·沙罗茨基成为我的中年榜样。你对年龄的看法以及年轻的生活方式一直激励着我，让我更加正确地看待衰老和强壮。感谢你对书稿真诚的反馈。正是因为你的严格和关爱，我才能呈现出最好的作品。

最后，我想感谢我的丈夫戴维以及我的孩子贾森和贾米。没有你们的爱和支持，我不可能完成这部作品。我永远爱你们。感谢你们的陪伴，最重要的是，感谢你们的信任。正是因为你们，我才成为了现在的我，才能做到现在所做的事。

出版后记

在很多人心目中,"更年期"这个词更容易和负面印象联系在一起:人老珠黄,情绪喜怒无常,身体也开始走下坡路……这些让更年期不受欢迎的印象,是经济发展水平、文化观念与社会环境影响下的结果,尤其是前者。在致力于基础经济建设的几十年间,还有很多人在努力脱贫,到温饱,到小康,再到富裕,生活的负担和压力让好几代中国女性还没有美起来就已经老了,我们只能在日常、周末或是逢年过节时,把母辈、祖母辈早年没能享受到的美容或滋补用品放进她们被生活划满痕迹的掌心。

本书作者、媒体人和心理治疗师路德维格提出的中年展望,也许是她的很多同龄人还没有想象过的。她认为,中年对女性来说是第二次青春期,重要程度也许比青春期更甚。在这段时间,女性的心智、情商和阅历都是年轻人不能比的,她们对自己的现状、愿望和目标的了解更是透彻而理性,最重要的是,她们在此时享有年轻人不具备的自由——在经济能力支撑下对自己人生的全面主宰。她们就算曾经为他人奉献了时间精力,从这时起,也可以开始为自己而活。

随着中国经济发展水平的提升与城市化的加深,越来越多的中年女性可以从生活压力下解放,拥有更多自主的时间和空间去发展自我。希望本书能帮助她们找到与他人无关,只属于自己的精神家园。

服务热线：133-6631-2326　188-1142-1266
服务信箱：reader@hinabook.com

后浪出版公司
2018 年 10 月

图书在版编目（CIP）数据

最好时光是现在 / (美) 罗比·路德维格著；郭在宁译. -- 南昌：江西人民出版社，2018.12
ISBN 978-7-210-10370-7

Ⅰ.①最… Ⅱ.①罗…②郭… Ⅲ.①女性－人生哲学－通俗读物 Ⅳ.① B821-49

中国版本图书馆 CIP 数据核字 (2018) 第 085817 号

YOUR BEST AGE IS NOW. Copyright © 2016 by Robi Ludwig. All rights reserved.
Published by arrangement with HarperOne, an imprint of HarperCollins Publishers.

本书简体中文版由银杏树下（北京）图书有限责任公司出版。
版权登记号：14-2018-0087

最好时光是现在

作者：[美] 罗比·路德维格　　译者：郭在宁
责任编辑：冯雪松　　特约编辑：刘昱含　　筹划出版：银杏树下
出版统筹：吴兴元　　营销推广：ONEBOOK　　装帧制造：墨白空间
出版发行：江西人民出版社　　印刷：北京天宇万达印刷有限公司
889 毫米 × 1194 毫米　1/32　8.25 印张　字数 172 千字
2018 年 12 月第 1 版　2018 年 12 月第 1 次印刷
ISBN 978-7-210-10370-7
定价：39.80 元
赣版权登字 -01-2018-325

后浪出版咨询(北京)有限责任公司常年法律顾问：北京大成律师事务所　周天晖 copyright@hinabook.com
未经许可，不得以任何方式复制或抄袭本书部分或全部内容
版权所有，侵权必究
如有质量问题，请寄回印厂调换。联系电话：010-64010019

明年更年轻

进化生物学破解衰老的秘密
本书能让你延缓70%的衰老，降低大病概率50%

◎ 首创进化生物学保健理论，是迄今为止说服力超强的保健理论之一
  进化生物学从根本上揭开衰老的秘密；
  绝大多数切实有效的保健方案都绕不开本书的理论；
  美国高端家庭医生精心定制的健康方案。

著者：[美] 克里斯·克劳利 亨利·洛奇
译者：清浅 刘清山

书号：978-7-210-09839-3
页数：360
定价：58.00元
出版时间：2018.3

◎ 风靡欧美、畅销十年，超过80%以上读者给予五星好评
  本书作者被誉为"纽约、美国，乃至世界上最好的医生之一"；
  本书另一位作者亲身实践，一步一步示范健康方案；
  一整套科学理论，三大领域的行动纲领，跟着学、跟着做，至少在80岁之前都可以有年轻人的身体状态。

◎ 国内金融圈、房地产圈高管普遍践行本书理论并积极推荐给亲友
  喜马拉雅投资创始人lilu专文推荐；
  SOHO中国董事长张欣公开喊话潘石屹学习本书；
  王石在2017年亚布力论坛上为企业界的领袖介绍本书；
  ……

内容简介 | 进化生物学认为，人的身体器官是在几十亿年的进化过程中逐渐形成的，即便是人体最新的功能也早在20万年前就已经形成了。换句话说，我们的身体是为了适应原始蛮荒时代而进化成型的。但是，现代生活方式在过去数百年，尤其是最近几十年来，发生了翻天覆地的变化，人体器官对衣食无忧的生活难以解读，甚至经常误读，造成了现代人身体状况的普遍失衡。

改善身体状态的关键在于促使大脑发出生长信号，重塑人体系统。为此，本书在运动、饮食和日常生活三个方面，提出了可操作性极强的一系列建议，从而向大脑发送积极反馈，让人体各器官加速更新生长。进化生物学认为，人体本完全可以良性运转直到去世前一两年。

翻开本书，跟随进化生物学的科学规律，调整自己的生活方式，既然注定要老去，何妨健康、强壮、优雅地老去？

年龄只是数字

TED演讲近百万点击量，屡屡打破运动赛事纪录的
97岁神奇老人自述

◎ 打破"什么年龄就该做什么事"的固化观念，挣脱年龄枷锁，积极重塑自我
作者查尔斯·尤格斯特在《年龄只是数字》一书中告诉我们——年龄只是人生中需要迈过的数字关卡，积极行动，任何时候重塑自我都来得及！

◎ 九旬老人拿下多项短跑世界纪录及同年龄组冠军，你有什么不可以？
作者在八九十岁时接触短跑运动，自2014年起赢得14个冠军及两个世界排名第一。这份毅力与坚持恐怕年轻人都望尘莫及，但既然这位九旬老者都可以如此拼搏，我们更应从中获得激励，面对内心深处的渴望，挑战常人口中的"不可能"。

◎ "工作、饮食、运动"法塑造健康体魄，恢复自信心态
作者介绍"工作、饮食、运动"法来帮助读者进行全方位的自我调节。坚持工作有助于改善并维持身体和心理健康；平衡饮食是重塑肌肉并保持身体强健的关键；而运动则既能预防疾病，同时也可以促进身体和头脑的再发育。

著者：[英] 查尔斯·尤格斯特
译者：郭在宁

书号：978-7-210-09765-5
页数：192
定价：36.00元
出版时间：2017.12

内容简介 | 作者查尔斯·尤格斯特97岁时的身体形态和精神面貌远超过大多数青年人，面对这样一位自信又充满活力的老人，你一定想不到年少时的他也曾体弱多病、中年时更是像大多数人一样——秃顶、自满、像块猪油，当想要通过运动做出改变时却因方法不当而造成结核病复发被迫休息疗养。
但查尔斯一直没有放弃改变之路，在经历了疾病、丧偶与身体机能退化带来的种种打击后，他在自我反思的某一瞬间决定要振作起来，最终以健康、旺盛的体魄出现在众人面前。本书就将带读者一起体验查尔斯在其人生不同阶段的经历分享与转变过程，通过他提倡的"工作、饮食、运动"方法，相信每个人都可以让余生成为自己最好的岁月。